Inf & Ing

Vorlesungen zum Informatik- und Ingenieurstudium

Hans-Jürgen Hotop
Thomas Klinker
Christoph Maas
(Hrsg.)

Band 7

Christoph Maas/Dieter Müller-Wichards

Analysis 2

1. Auflage 1995

Verlegt bei Dr. Bernd Wißner,
Augsburg 1995

Wißner

Die Deutsche Bibliothek – CIP-Einheitsaufnahme

Analysis / Christoph Maas ; Dieter Müller-Wichards. – Augsburg : Wißner.
Bd. 1 verf. von Christoph Maas
NE: Maas, Christoph; Müller-Wichards, Dieter

2. – 1. Aufl. – 1995
(Inf & Ing ; Bd. 7)
ISBN 3-928898-86-8
NE: GT

ISBN 3-928898-86-8

Inhaltsverzeichnis

Kapitel 6

Differentialrechnung reeller Funktionen zweier Variablen

6.1 Reelle Funktionen zweier Variablen

Die Beschreibung von Zusammenhängen in der realen Welt durch Funktionen einer Variablen ist eine grobe Vereinfachung. Normalerweise sind beobachtbare Phänomene gleichzeitig von verschiedenen Einflußgrößen abhängig.

Beispiel 6.1.1:

i) Wenn in einem kalten Raum ein Heizgerät eingeschaltet wird, dann ist die gemessene Temperatur in diesem Raum davon abhängig, an welcher Stelle des Raumes sie gemessen wird und wieviel Zeit seit dem Einschalten des Heizgeräts verstrichen ist. Die beobachtete Größe hängt also von vier Variablen (drei Variablen zur Beschreibung des Ortes und eine für die Zeit) ab.

ii) Die Höhe eines Punktes der Erdoberfläche über dem Meeresspiegel ist von seiner Lage auf der Erdkugel abhängig, also von zwei Variablen (geographische Länge und Breite).

iii) Die bei einer Klausur von einer Semestergruppe mit 40 Mitgliedern erreichte Durchschnittpunktzahl hängt von den 40 Punktzahlen der einzelnen Mitglieder ab.

Mit der Hinzunahme weiterer Variablen wird natürlich die rechnerische Handhabung der Funktionen immer komplizierter. In diesem Kapitel soll aber zumindest die einfachste Erweiterung des Konzepts der reellen Funktionen kurz vorgestellt werden.

Wir befassen uns hier mit Funktionen

$$f : D \longrightarrow W$$

mit $D \subseteq \mathbb{R}^2$ und $W \subseteq \mathbb{R}$.[1] Durch eine solche Funktion wird also einem Paar (x, y) reeller Zahlen eine reelle Zahl z zugeordnet. Die hierfür gebräuchliche Schreibweise lautet:

$$z = f(x, y)$$

Beispiel 6.1.2:

i)

$$\begin{aligned} f : \mathbb{R}^2 &\longrightarrow \mathbb{R}_0^+ \\ (x, y) &\longmapsto x^2 + y^2 \end{aligned}$$

ii)

$$\begin{aligned} g : \mathbb{R}^2 &\longrightarrow \mathbb{R} \\ (x, y) &\longmapsto x^2 - y^2 \end{aligned}$$

iii)

$$\begin{aligned} h : D_h &\longrightarrow [0, r] \\ (x, y) &\longmapsto \sqrt{r^2 - x^2 - y^2} \end{aligned}$$

mit $D_h = \{(x, y) \in \mathbb{R}^2 | x^2 + y^2 \leq r^2\}$

6.1.1 Veranschaulichung von Funktionen zweier Variablen

Zur Veranschaulichung derartiger Funktionen gibt es zwei Möglichkeiten:

Funktionsgebirge

Entsprechend zur Definition der Kurve einer Funktion $\mathbb{R} \to \mathbb{R}$ kann man für Funktionen $f : D_f \to \mathbb{R}$ mit $D_f \subseteq \mathbb{R}^2$ alle Punkte $(x, y, z) \in \mathbb{R}^3$ mit $(x, y) \in D_f$ und $z = f(x, y)$ markieren. Das sich ergebende flächige Gebilde wird als Funktionsgebirge von f bezeichnet. (An die Stelle einer räumlichen Darstellung tritt dabei häufig eine perspektivische Skizze in der Zeichenebene.) Wir verwenden dabei hier ein um eine dritte, zu den anderen beiden senkrecht stehende Achse erweitertes kartesisches Koordinatensystem.

[1] In Abschnitt 7.3.3 werden auch Funktionen $\mathbb{R}^3 \to \mathbb{R}$ auftreten.

Höhenlinien

In der Zeichenebene mit kartesischen x-y-Koordinaten werden für ausgewählte Werte z diejenigen Teilmengen des $\mathbb{R}^2$ markiert, die auf z abgebildet werden. Die markierten Teilmengen des $\mathbb{R}^2$ werden als Höhenlinien der Funktion bezeichnet.

Beispiel 6.1.3: Das Funktionsgebirge der Funktion $f(x, y) = x^2 + y^2$ hat für $(x, y) \in [-2, 2] \times [-2, 2]$ die Gestalt:

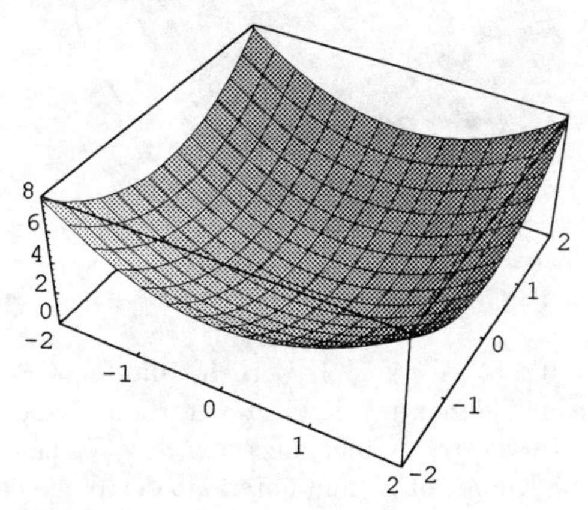

Die Höhenlinien $f(x, y) \equiv c$ sind konzentrische Kreise. Die folgende Skizze zeigt sie für die Werte $c = -2, -1.6, \ldots, 1.6, 2$:

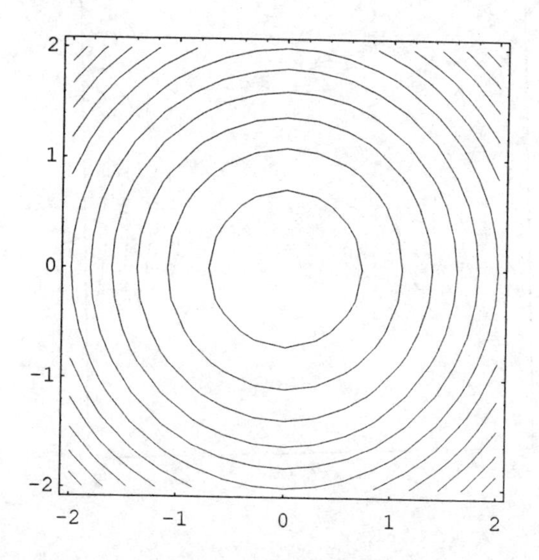

Beispiel 6.1.4: Das Funktionsgebirge von $g(x,y) = x^2 - y^2$ hat für $(x,y) \in [-2,2] \times [-2,2]$ die Gestalt:

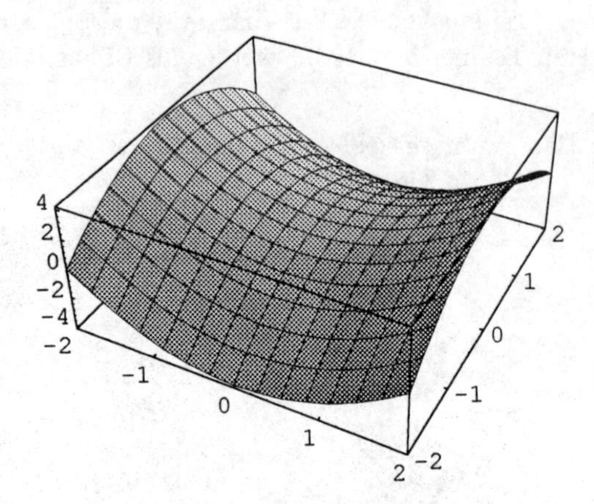

Die Höhenlinien $g(x,y) \equiv c$ sind Hyperbeln (die für $c = 0$ zu Geraden entarten). Die folgende Skizze zeigt sie für die Werte $c = -2, -1.6, \ldots, 1.6, 2$. Dabei gehören die Kurven rechts und links von den Winkelhalbierenden zu Werten $c > 0$ und die Kurven ober- und unterhalb der Winkelhalbierenden zu Werten $c < 0$:

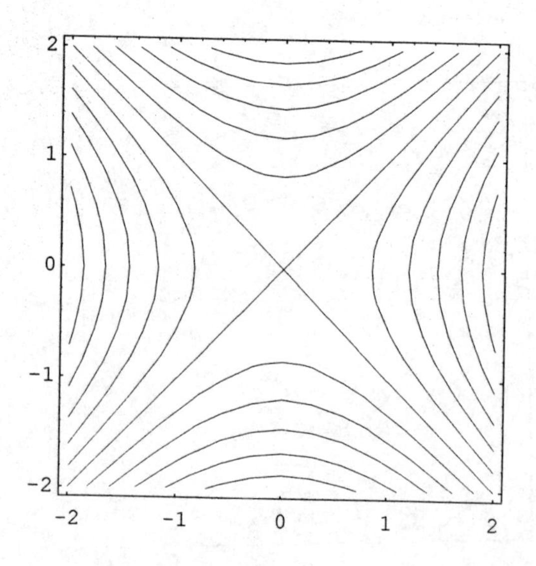

Beispiel 6.1.5: Das Funktionsgebirge von $h(x,y) = \sqrt{4 - x^2 + y^2}$ ist eine Halbkugel mit Radius 2:

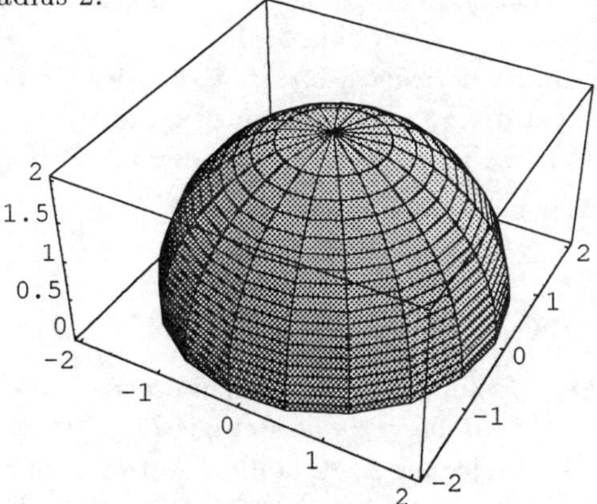

Die Höhenlinien $h(x,y) \equiv c$ sind konzentrische Kreise. Die folgende Skizze zeigt sie für die Werte $c = 0, 0.2, \ldots, 1.8, 2$:

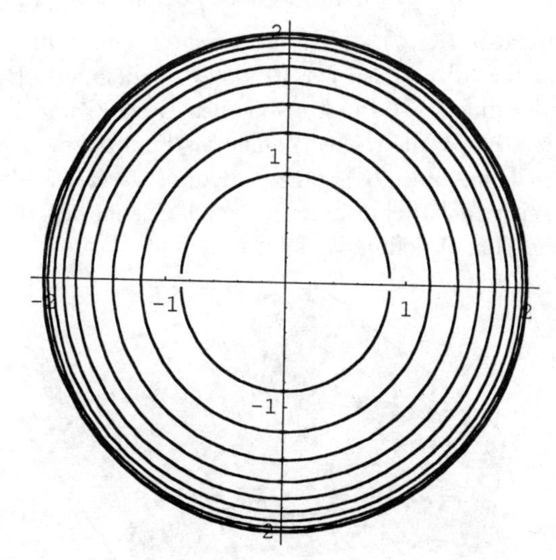

6.1.2 Stetigkeit

Definition 6.1.1 *Eine Funktion $f : D_f \to \mathbb{R}$ mit $D_f \subseteq \mathbb{R}^2$ heißt stetig an der Stelle $(x_0, y_0) \in D_f$, wenn gilt: zu jeder reellen Zahl $\varepsilon > 0$ gibt es eine reelle Zahl $\delta > 0$, so daß für alle Wertepaare (x,y) mit $(x - x_0)^2 + (y - y_0)^2 < \delta^2$ gilt*

$$|f(x,y) - f(x_0,y_0)| < \varepsilon$$

Anschaulich interpretiert bedeutet dies: Jede vorgegebene Maximalabweichung des Wertes $f(x,y)$ von $f(x_0,y_0)$ kann eingehalten werden, wenn nur (x,y) nahe genug bei (x_0,y_0) gewählt wird.

Die Definition ähnelt derjenigen für $D_f \subseteq \mathbb{R}$. Der Unterschied zum eindimensionalen Fall liegt darin, daß es dort nur zwei Möglichkeiten gibt, wie sich das Argument x der fraglichen Stelle x_0 nähern kann.

Beispiel 6.1.6: Wir betrachten die Funktion

$$f(x,y) := \frac{xy}{x^2 - y^2}$$

An der Stelle $(x,y) = (0,0)$ ist $f(x,y)$ nicht definiert. Ist es möglich, $f(0,0)$ so zu definieren, daß f an dieser Stelle stetig ist?

Wie die folgende Überlegung zeigt, fällt die Antwort auf diese Frage negativ aus: Längs der Geraden $x = 0$ und $y = 0$ ist $f(x,y) \equiv 0$. Der einzig mögliche Kandidat für eine stetige Ergänzung wäre also $f(0,0) := 0$.

Längs der Geraden $y = ax$ mit $a \in \mathbb{R} \setminus \{0\}$ ist aber $f(x,y) \equiv \dfrac{a}{1-a^2}$. Für $|a| \neq 1$ nimmt also $f(x,y)$ auf diesen Geraden von Null verschiedene reelle Werte an, und für $|a| = 1$ ist $f(x,y)$ gar nicht definiert. Da jeder Kreis um $(0,0)$ mit dem Radius $\delta > 0$ Punkte von allen diesen Geraden enthält, kommen in jedem solchen Kreis alle reellen Zahlen als Funktionswerte vor.

Es gibt also keine stetige Ergänzung von f an der Stelle $(x,y) = (0,0)$. (Daran würde sich auch nichts ändern, wenn längs der beiden Geraden $|x| = |y|$ Funktionswerte $f(x,y)$ definiert wären.)

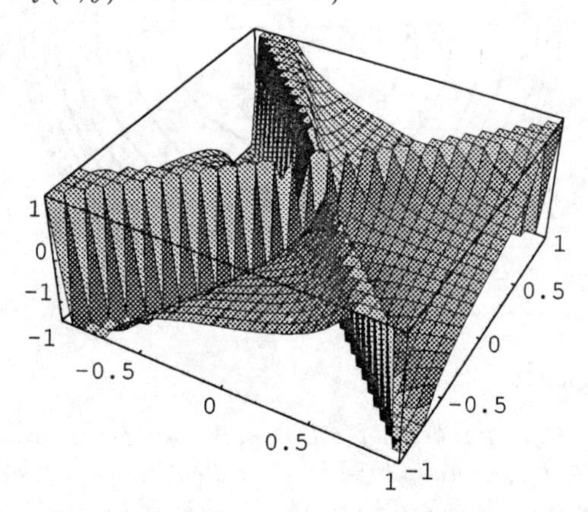

Definition 6.1.2 *Eine Funktion $f : D_f \to \mathbb{R}$ mit $D_f \subseteq \mathbb{R}^2$ heißt stetig (auf D_f), wenn sie an jedem Punkt von D_f stetig ist.*

Im vorliegenden Text dürfen wir davon ausgehen, daß eine Funktion stetig ist, wenn ihre Zuordnungsvorschrift nur Operationen enthält, die auch im eindimensionalen Fall die Stetigkeit nicht stören. Beispielsweise sind die Funktionen mit folgenden Zuordnungsvorschriften

$$x^2 + y^2, \quad x^2 - y^2, \quad \sin x \cdot \cos y, \quad e^{x^2+2xy+y^2}$$

auf ganz $\mathbb{R}^2$ stetig, und die Funktion mit der Zuordnungsvorschrift

$$\sqrt{r^2 - x^2 - y^2}$$

ist stetig für $x^2 + y^2 < r^2$.

6.1.3 Zylinder- und Kugelkoordinaten

Neben den zur Darstellung der Funktionsgebirge verwendeten drei aufeinander senkrecht stehenden kartesischen Koordinatenachsen sind zur Beschreibung von Punkten im dreidimensionalen Raum unserer Anschauung zwei weitere Koordinatensysteme im Gebrauch.

Zylinderkoordinaten

Wenn zu einem ebenen Polarkoordinatensystem (r, φ) eine senkrecht hierzu stehende kartesische Koordinatenachse z eingeführt wird, entsteht ein Zylinderkoordinatensystem

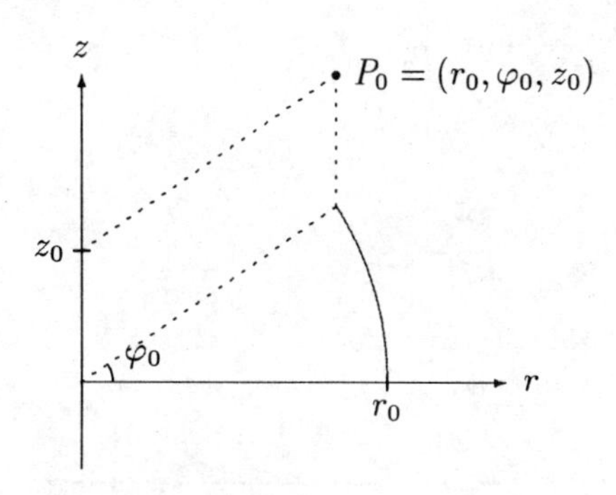

Jeder Punkt des Raumes besitzt Zylinderkoordinaten (r, φ, z), wobei r und z jeweils eindeutig bestimmt sind. Für $r \neq 0$ ist φ bis auf ganzzahlige Vielfache von 2π eindeutig bestimmt, für $r = 0$ ist φ beliebig.

Für die Umrechnung von Zylinderkoordinaten (r, φ, z) in kartesische Koordinaten $x, y, z)$ gilt:

$$\begin{aligned} x &= r \cdot \cos\varphi, \\ y &= r \cdot \sin\varphi, \\ z &= z. \end{aligned}$$

Kugelkoordinaten

Wenn zu einem ebenen Polarkoordinatensystem (r, φ) eine weitere Winkelkoordinate ψ eingeführt wird, entsteht ein Kugelkoordinatensystem.

Für einen Punkt $P = (r, \varphi, \psi)$ gibt dabei ψ den Winkel an zwischen der Strecke $\overline{OP}$ und ihrer senkrechten Projektion auf die (r, φ)-Ebene. Werden φ auf $[0, 2\pi)$ und ψ auf $[-\frac{\pi}{2}, \frac{\pi}{2}]$ eingeschränkt, dann sind die Kugelkoordinaten für alle diejenigen Punkte eindeutig bestimmt, die weder im Ursprung O noch senkrecht darüber oder darunter liegen. Für die Umrechnung in kartesische Koordinaten gilt

$$\begin{aligned} x &= r \cdot \cos\varphi \cdot \cos\psi, \\ y &= r \cdot \sin\varphi \cdot \cos\psi, \\ z &= r \cdot \sin\psi. \end{aligned}$$

Im Ursprung ist $r = 0$, während φ und ψ nicht eindeutig bestimmt sind. Senkrecht über, bzw. unter O sind r und $\psi(= \pm\frac{\pi}{2})$ eindeutig bestimmt, während φ beliebig aus $[0, 2\pi)$ gewählt werden kann.

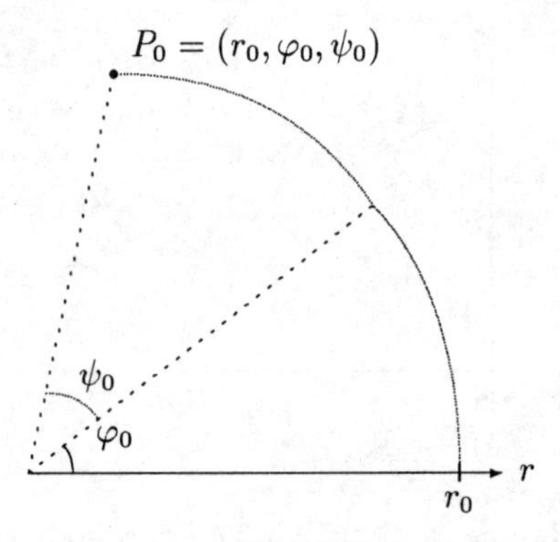

Kugelkoordinaten sind uns aus der Geographie der Erdoberfläche bekannt: φ (bzw. $2\pi - \varphi$ für westliche Längen) gibt die geographische Länge eines Punktes an, ψ ist seine geographische Breite (Nord: $\psi > 0$, Süd: $\psi < 0$), und r entspricht dem Abstand dieses Punktes vom Erdmittelpunkt.

Achtung: Oftmals wird bei der Definition der Kugelkoordinaten als Bereich für ψ das Intervall $[0, \pi]$ festgelegt, wobei der Winkel $\psi = 0$ die „Nordrichtung" und $\psi = \pi$ die „Südrichtung" bezeichnet. Es ergeben sich dann natürlich andere Formeln für die Umrechnung in kartesische Koordinaten.

Aufgaben:

1) Bestimmen Sie Definitions- und Wertebereiche der folgenden Funktionen

$$\text{a) } f(x,y) = \sqrt{x^2 - y^2} \qquad \text{b) } g(x,y) = \arctan \frac{y}{x}$$

2) Überlegen Sie sich, in wieweit die für reelle Funktionen einer Variablen definierten Begriffe wie Achsenschnittpunkt, Monotonie, Beschränktheit, Periodizität für Funktionen $\mathbb{R}^2 \to \mathbb{R}$ sinnvoll sind.

3) Skizzieren Sie einige Höhenlinien und das Funktionsgebirge der Funktionen

$$\text{a) } f(x,y) = 2x - y \qquad \text{b) } g(x,y) = x \cdot y$$

4) Beweisen Sie, daß die Funktion $f(x,y) = \sin x + \sin y$ an der Stelle $(x,y) = (0,0)$ stetig ist.

5) Geben Sie Formeln an für die Umrechnung von kartesischen Koordinaten (x,y,z) in
   a) Zylinderkoordinaten (r, φ, z),
   b) Kugelkoordinaten (r, φ, ψ).

6.2 Ableitungen von Funktionen zweier Veränderlicher

Der Begriff der Ableitung kann auch für Funktionen, die von mehr als einer Variablen abhängen, definiert werden. Allerdings haben wir es dabei mit einem wesentlich komplizierteren Sachverhalt zu tun, wie folgende Überlegung zeigt:

Bisher gab *die* Ableitung einer Funktion an einer bestimmten Stelle die Steigung *der* Tangente an die Kurve der Funktion in diesem Punkt an. Bei Funktionen mehrerer Veränderlicher können aber im allgemeinen in einem festen Punkt unendlich viele Tangenten, die in unterschiedliche Richtungen verlaufen, an das Funktionsgebirge angelegt werden[2]. Deshalb ist es notwendig, verschiedene Ableitungsbegriffe zu entwickeln. Diese werden in den folgenden Abschnitten am Beispiel von Funktionen von zwei Variablen vorgestellt.

6.2.1 Partielle Ableitungen

Sei

$$\begin{array}{rcl} f : D & \longrightarrow & W \\ (x,y) & \longmapsto & f(x,y) =: z \end{array}$$

mit $D \subseteq \mathbb{R}^2$ und $W \subseteq \mathbb{R}$ eine Funktion von zwei Variablen. Der einfachste Ableitungsbegriff für eine derartige Funktion sieht eine der beiden Variablen als Konstante an. f wird dadurch zu einer Funktion einer Variablen und kann wie gewohnt abgeleitet werden. Um auszudrücken, daß die so gewonnene Ableitung nur einen Teilaspekt der Funktion wiedergibt, wird sie als partielle Ableitung bezeichnet.

Definition 6.2.1 *i) Sei (x_0, y_0) ein Element des Definitionsbereichs der Funktion $z = f(x,y)$. Falls die Grenzwerte*

$$\lim_{h \to 0} \frac{f(x_0 + h, y_0) - f(x_0, y_0)}{h}, \quad bzw. \quad \lim_{h \to 0} \frac{f(x_0, y_0 + h) - f(x_0, y_0)}{h}$$

existieren, heißen sie die erste partielle Ableitung von f nach x, bzw. nach y an der Stelle (x_0, y_0).
ii) Die Funktion, die jedem Element des Definitionsbereichs D von f, an dem der betreffende Grenzwert existiert, die zugehörige partielle Ableitung von f nach x, bzw. nach y zuordnet, heißt erste partielle Ableitungsfunktion (oder einfach erste partielle Ableitung) von f nach x, bzw. von f nach y. Übliche Schreibweisen für diese Funktionen sind:

$$\frac{\partial f}{\partial x}, \quad \frac{\partial z}{\partial x}, \quad f_x(x,y), \quad z_x$$

bzw.

$$\frac{\partial f}{\partial y}, \quad \frac{\partial z}{\partial y}, \quad f_y(x,y), \quad z_y$$

iii) Wenn für einen Punkt $(x_0, y_0) \in D$ die erste partielle Ableitung $f_x(x_0, y_0)$, bzw. $f_y(x_0, y_0)$ existiert, dann heißt f an der Stelle (x_0, y_0) partiell differenzierbar nach x, bzw. nach y.

[2]Beispielsweise hat ein Radfahrer, der eine Anhöhe erklimmen muß, oft die Wahl, dies auf dem kürzesten (und damit steilsten) Weg zu tun oder sich nahezu parallel zum Hang (und damit auf einem weniger steilen Weg) fortzubewegen.

Beispiel 6.2.1: Die Funktion

$$z = x^2y - 2y + x$$

ist auf ganz $\mathbb{R}^2$ nach x und nach y partiell differenzierbar mit

$$\begin{aligned} z_x &= 2xy + 1 \\ z_y &= x^2 - 2 \end{aligned}$$

Die erste partielle Ableitung $f_x(x_0, y_0)$ gibt die Steigung derjenigen Tangente an das Funktionsgebirge von f im Punkt (x_0, y_0) an, deren senkrechte Projektion in die X-Y-Ebene[3] parallel zur X-Achse verläuft. Damit das Vorzeichen der partiellen Ableitung und der Tangentensteigung übereinstimmen, muß die Tangente in der Richtung zunehmender X-Werte durchlaufen werden. Eine entsprechende Interpretation gilt für den Wert der ersten partiellen Ableitung $f_y(x_0, y_0)$.

Die folgende Abbildung zeigt einen Ausschnitt aus dem Funktionsgebirge von $z = x^2y - 2y + x$ zusammen mit den Tangenten in X- und in Y-Richtung im Punkt $(0, 0, 0)$.

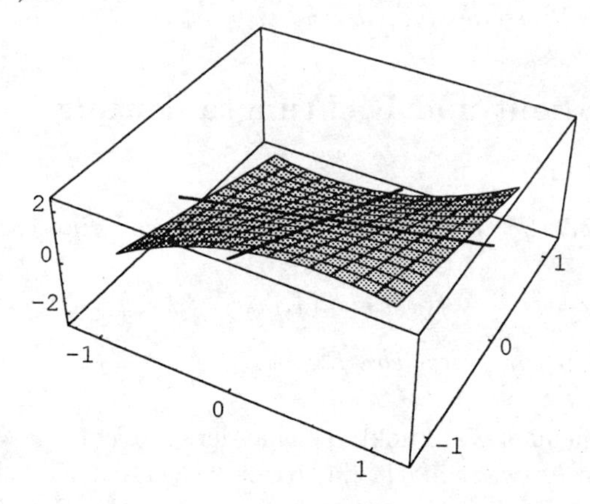

Definition 6.2.2 *i) Als zweite partielle Ableitungen von f bezeichnet man die ersten partiellen Ableitungen von f_x und f_y.*
ii) Die erste partielle Ableitung von $z_x = f_x(x, y)$ nach y wird auf eine der folgenden Weisen bezeichnet:

$$f_{xy}(x, y), \quad z_{xy}, \quad \frac{\partial^2 f}{\partial x \partial y}, \quad \frac{\partial^2 z}{\partial x \partial y}$$

[3] d.h. ihr Schatten, wenn das Licht in Richtung der Z-Achse einfällt

iii) Entsprechend sind die Schreibweisen

$$\frac{\partial^2 f}{\partial x^2}, \quad \frac{\partial^2 f}{\partial y \partial x}, \quad \frac{\partial^2 f}{\partial y^2}, \quad \textit{usw.}$$

zu verstehen.

Beispiel 6.2.1: (Fortsetzung)

$$\begin{aligned} z_{xx} &= 2y \\ z_{xy} &= z_{yx} = 2x \\ z_{yy} &= 0 \end{aligned}$$

Daß die beiden zweiten partiellen Ableitungen z_{xy} und z_{yx} übereinstimmen, ist kein Zufall. Es gilt vielmehr der

Satz 6.2.1 (Satz von Schwarz) *Falls für eine Funktion $f(x,y)$ die zweiten partiellen Ableitungen $f_{xy}(x,y)$ und $f_{yx}(x,y)$ auf einem offenen Intervall $(a,b) \times (c,d) \subseteq \mathbb{R}^2$ stetig sind, so sind sie dort einander gleich.*

6.2.2 Gradient und Richtungsableitung

Der Gradient

Definition 6.2.3 *Sei $f(x,y)$ nach x und y partiell differenzierbar. Der Zeilenvektor*

$$\nabla f(x,y) := (f_x(x,y), f_y(x,y))$$

wird als Gradient von f bezeichnet.[4]

Für „hinreichend brave" Funktionen hat der Gradient eine wichtige Interpretation. Dabei ist es zwar einfach, ein anschauliches Kriterium dafür anzugeben, daß eine Funktion „hinreichend brav" ist (vgl. die folgende Definition), aber die Formulierung einer rechnerischen Bedingung ist etwas kompliziert und soll deswegen hier unterbleiben.

Definition 6.2.4 *Eine Funktion $f(x,y)$ heißt total differenzierbar im Punkt (x_0, y_0), wenn die Menge aller Tangenten an das Funktionsgebirge in diesem Punkt eine Ebene ist. Diese Ebene heißt Tangentialebene.*

[4] Das Symbol ∇ wird als „Nabla" gelesen.

Die Richtungsableitung einer total differenzierbaren Funktion

Satz 6.2.2 *Falls die Funktion $f(x,y)$ im Punkt (x_0, y_0) total differenzierbar ist, dann ist für jeden Vektor $\binom{u}{v} \in \mathbb{R}^2$ mit $u^2 + v^2 = 1$ die Zahl*

$$u \cdot f_x(x_0, y_0) + v \cdot f_y(x_0, y_0)$$

die Steigung derjenigen Tangente an f im Punkt (x_0, y_0), deren Projektion in die X-Y-Ebene parallel zum Vektor $\binom{u}{v}$ verläuft. Das Vorzeichen der Steigung unterstellt dabei, daß man sich vom Punkt (x_0, y_0) zum Punkt $(x_0 + u, y_0 + v)$ bewegt.

Die nachstehende Zeichnung zeigt die Funktion $f(x,y) = x^2 - 0.5 \cdot y^2$ im Intervall $-1 \leq x, y \leq 1$ zusammen mit einer Tangente im Punkt $(x,y) = (0.5, -1)$.

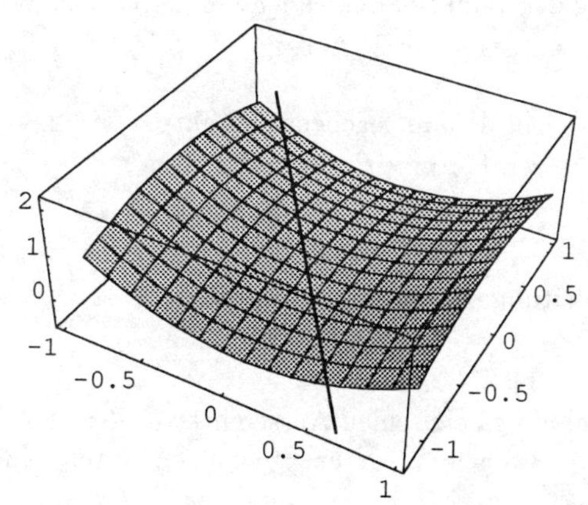

Definition 6.2.5 *Die in dem vorangegangenen Satz berechnete Zahl heißt Richtungsableitung von f an der Stelle (x_0, y_0) in der Richtung $\binom{u}{v}$.*

Hinweise:

1) Für die Richtungsableitung wurde hier keine eigene Bezeichnungsweise eingeführt. Mit dem aus der Algebra bekannten Skalarprodukt zweier Vektoren können wir die Richtungsableitung schreiben als

$$\nabla f(x,y) \cdot \begin{pmatrix} u \\ v \end{pmatrix}$$

2) In dem vorliegenden Text dürfen Sie unterstellen, daß eine Funktion total differenzierbar ist, wenn ihre Zuordnungsvorschrift keine Division enthält und

alle darin vorkommenden elementaren Funktionen in dem betrachteten Bereich keine Stellen besitzen, an denen sie nicht definiert, nicht stetig oder nicht differenzierbar sind.

3) Die totale Differenzierbarkeit bedeutet, daß aus der Kenntnis zweier Richtungsableitungen (nämlich der partiellen Ableitungen) alle anderen Richtungsableitungen durch eine simple Multiplikation mit einem Richtungsvektor berechnet werden können.

Beispiel 6.2.2: Für die Funktion

$$f(x,y) = -x^2 - y^2$$

sind im Punkt $(x_0, y_0) = (2, -1)$ die Richtungsableitungen in folgenden Richtungen gesucht:

a) in Richtung der Winkelhalbierenden des ersten Quadranten,

b) in Richtung entgegen der Y-Achse.

Lösung:

Der Gradient von f in dem angegebenen Punkt ist $\nabla f(2, -1) = (-4, 2)$.

Die Richtungsvektoren $\binom{u}{v}$ mit $u^2 + v^2 = 1$ lauten

a) $u = v = \frac{1}{2} \cdot \sqrt{2}$,

b) $u = 0,\ v = -1$.

Die Richtungsableitungen haben dann die Werte

a) $-4 \cdot (\frac{1}{2} \cdot \sqrt{2}) + 2 \cdot (\frac{1}{2} \cdot \sqrt{2}) = \sqrt{2}$,

b) $-4 \cdot 0 + 2 \cdot (-1) = -2$.

Die folgende Zeichnung zeigt einen Ausschnitt aus dem Funktionsgebirge von f mit den beiden Tangenten, deren Steigungen unter a) und b) berechnet wurden.

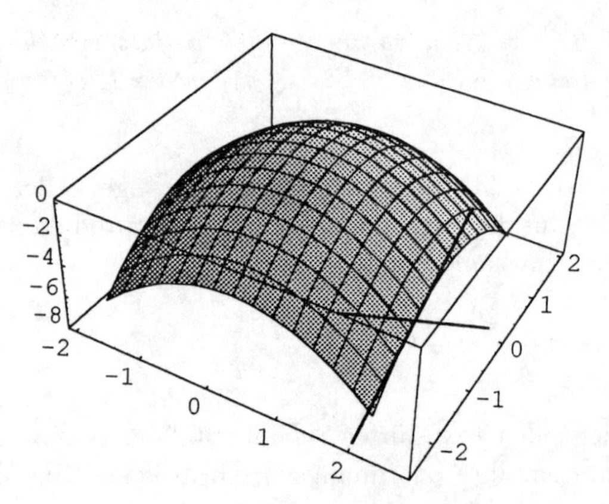

Exkurs: Beispiel für eine nicht total differenzierbare Funktion

Wir untersuchen die Funktion

$$f(x,y) = \begin{cases} 0, & \text{für } (x,y) = (0,0) \\ \frac{x^3 - xy^2}{x^2+y^2} & \text{sonst} \end{cases}$$

im Punkt $(x_0, y_0) = (0,0)$.

Die folgende Abbildung stellt das Funktionsgebirge von f für $-1 \le x, y \le 1$ dar.

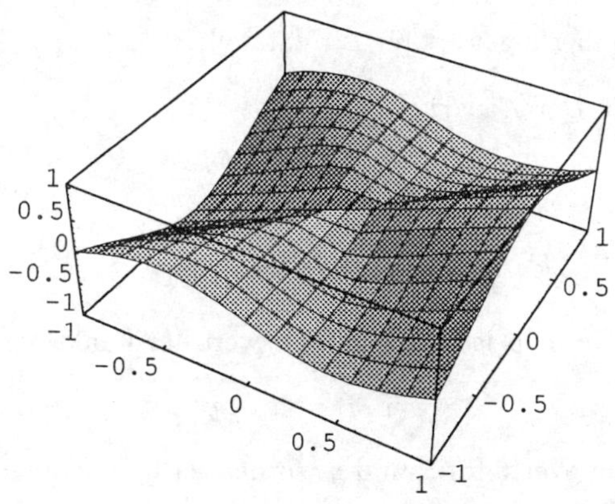

Für $y = 0$ geht $f(x,y)$ über in die Funktion $f(x) = x$. Daher ist $f_x(0,0) = 1$.

Für $x = 0$ geht $f(x,y)$ über in die Funktion $f(y) \equiv 0$. Daher ist $f_y(0,0) = 0$.

Wäre f im Punkt $(x,y) = (0,0)$ total differenzierbar, dann dürfte folglich f für Richtungsvektoren, die in den ersten Quadranten zeigen, nur nichtnegative Richtungsableitungen besitzen. Tatsächlich gibt es aber in diesem Quadranten auch Richtungsvektoren, längs derer $f(x,y)$ streng monoton fallend ist.

Beispielsweise geht $f(x,y)$ längs der Geraden $y = \sqrt{2} \cdot x$ über in $f(x) = \dfrac{-x^3}{3x^2} = -\dfrac{x}{3}$ (unter Beachtung der stetigen Ergänzung an der Stelle $x = 0$).

Die Funktion f kann also im Punkt $(x,y) = (0,0)$ nicht total differenzierbar sein. (Aufgabe: Finden Sie in der obigen Funktionsskizze weitere Richtungen, in denen die Tangenten durch den Punkt $(0,0,0)$ nicht in der durch die partiellen Ableitungen festgelegten Ebene liegen.)

6.2.3 Das totale Differential

Wenn die Funktion $z = f(x,y)$ total differenzierbar ist, dann kannn man analog zum Vorgehen bei Funktionen einer Variablen die Tangentialebene an f in einem Punkt zur näherungweisen Bestimmung von Funktionswerten verwenden:

Sei Δz die Differenz zwischen den Funktionswerten $f(x,y)$ und $f(x+\Delta x, y+\Delta y)$. Dann gilt:

$$\Delta z \approx \Delta x \cdot f_x(x,y) + \Delta y \cdot f_y(x,y)$$

Um das Zeichen $\approx$ zu vermeiden, schreiben wir symbolisch:

$$dz = dx \cdot f_x(x,y) + dy \cdot f_y(x,y) = \nabla f(x,y) \cdot \begin{pmatrix} dx \\ dy \end{pmatrix}$$

wobei dz einen Näherungswert für Δz darstellt.

Definition 6.2.6 *Der Ausdruck*

$$dz = \nabla f(x,y) \cdot \begin{pmatrix} dx \\ dy \end{pmatrix}$$

wird als totales Differential von f bezeichnet.

Beispiel 6.2.3: Gesucht ist ein Funktionswert der Funktion

$$f(x,y) = 2x - y^2$$

Die einzugebenden Werte für x und y wurden durch Messungen ermittelt und lauten $x = 1 \pm 0.1$, $y = 2 \pm 0.5$. Wie genau kann dann der Funktionswert angegeben werden?

Lösung:

Setze $x_0 := 1$, $y_0 := 2$, $dx := \pm 0.1$, $dy := \pm 0.5$. Es ist $\nabla f(x,y) = (2, -2y)$, also $\nabla f(x_0, y_0) = (2, -4)$ und somit

$$dz = 2 \cdot dx - 4 \cdot dy = \pm 2.2$$

Der Funktionswert kann also nur bis auf ein Intervall der Länge 4.4 genau angegeben werden.

6.2.4 Extremstellen von Funktionen zweier Veränderlicher

Definition 6.2.7 *Ein Punkt $(\tilde{x}, \tilde{y})$ aus dem Definitionsbereich D_f der Funktion f heißt eine lokale Maximalstelle von f, wenn f „in der näheren Umgebung“ von $(\tilde{x}, \tilde{y})$ keinen größeren Funktionswert als $f(\tilde{x}, \tilde{y})$ annimmt, genauer: wenn es eine Zahl $\rho > 0$ gibt, so daß für alle Zahlen δ, ε mit $\delta^2 + \varepsilon^2 \leq \rho^2$ gilt:*

$$(\tilde{x} + \delta, \tilde{y} + \varepsilon) \in D_f \wedge f(\tilde{x} + \delta, \tilde{y} + \varepsilon) \leq f(\tilde{x}, \tilde{y})$$

(f muß also rund um $(\tilde{x}, \tilde{y})$ definiert sein.) Entsprechend wird eine lokale Minimalstelle von f definiert.

Lokale Maximalstellen und lokale Minimalstellen werden unter dem Begriff lokale Extremstellen zusammengefaßt. Die Funktionswerte an den Extremstellen (Maximalstellen, Minimalstellen) heißen Extrema (Maxima, Minima).

Das Bestimmen von Extremstellen von Funktionen mehrerer Veränderlicher ist im allgemeinen eine schwierige Aufgabe, der sich eine eigene Disziplin innerhalb der Mathematik widmet. In einfachen Fällen hilft aber die folgende Aussage:

Satz 6.2.3 *i) Falls $(\tilde{x}, \tilde{y})$ eine lokale Extremstelle von f ist, dann gilt $\nabla f(\tilde{x}, \tilde{y}) = (0,0)$.*

ii) Falls $\nabla f(\tilde{x}, \tilde{y}) = (0,0)$ ist und außerdem gilt

$$f_{xx}(\tilde{x}, \tilde{y}) \cdot f_{yy}(\tilde{x}, \tilde{y}) - f_{xy}(\tilde{x}, \tilde{y}) \cdot f_{yx}(\tilde{x}, \tilde{y}) > 0,$$

dann ist $(\tilde{x}, \tilde{y})$ eine lokale Extremstelle von f. Für $f_{xx}(\tilde{x}, \tilde{y}) > 0$ handelt es sich dabei um eine Minimalstelle und für $f_{xx}(\tilde{x}, \tilde{y}) < 0$ um eine Maximalstelle.

iii) Falls $\nabla f(\tilde{x}, \tilde{y}) = (0,0)$ ist und außerdem gilt

$$f_{xx}(\tilde{x}, \tilde{y}) \cdot f_{yy}(\tilde{x}, \tilde{y}) - f_{xy}(\tilde{x}, \tilde{y}) \cdot f_{yx}(\tilde{x}, \tilde{y}) < 0,$$

dann ist $(\tilde{x}, \tilde{y})$ keine lokale Extremstelle von f.

Beispiel 6.2.4: Bei allen folgenden Funktionen ist jeweils $\nabla f(0,0) = (0,0)$.

i)

$$f(x,y) = x^2 + y^2$$

Wegen

$$f_{xx}(\tilde{x}, \tilde{y}) \cdot f_{yy}(\tilde{x}, \tilde{y}) - f_{xy}(\tilde{x}, \tilde{y}) \cdot f_{yx}(\tilde{x}, \tilde{y}) = 2 \cdot 2 - 0 \cdot 0 > 0$$

nimmt die Funktion an der betrachteten Stelle ein Extremum an. Da $f(0,0) = 0$ ist und die Funktionswerte nirgends negativ werden können, muß es sich um ein Minimum handeln.

ii)

$$g(x,y) = -x^2 - y^2$$

Wegen

$$g_{xx}(\tilde{x}, \tilde{y}) \cdot g_{yy}(\tilde{x}, \tilde{y}) - g_{xy}(\tilde{x}, \tilde{y}) \cdot g_{yx}(\tilde{x}, \tilde{y}) = (-2) \cdot (-2) - 0 \cdot 0 > 0$$

nimmt die Funktion an der betrachteten Stelle ein Extremum an. Da $g(0,0) = 0$ ist und die Funktionswerte nirgends positiv werden können, muß es sich um ein Maximum handeln.

iii)

$$h(x,y) = x^2 - y^2$$

Wegen

$$h_{xx}(\tilde{x},\tilde{y}) \cdot h_{yy}(\tilde{x},\tilde{y}) - h_{xy}(\tilde{x},\tilde{y}) \cdot h_{yx}(\tilde{x},\tilde{y}) = 2 \cdot (-2) - 0 \cdot 0 < 0$$

nimmt die Funktion an der betrachteten Stelle kein Extremum an.

Falls an einer Stelle, an der der Gradient verschwindet,

$$f_{xx}(\tilde{x},\tilde{y}) \cdot f_{yy}(\tilde{x},\tilde{y}) - f_{xy}(\tilde{x},\tilde{y}) \cdot f_{yx}(\tilde{x},\tilde{y}) = 0$$

gilt, kann die Existenz oder Nichtexistenz einer Extremstelle erst nach weitergehender Überprüfung der Funktion festgestellt werden.

Beispiel 6.2.5: Für die Funktionen

$$\begin{aligned} r(x,y) &= x^4 + y^4 \\ s(x,y) &= x^4 - y^4 \end{aligned}$$

verschwindet der Gradient an der Stelle $(\tilde{x},\tilde{y}) = (0,0)$. Die Differenz der Produkte der zweiten partiellen Ableitungen ist in beiden Fällen an dieser Stelle gleich Null, obwohl nur r hier eine Extremstelle besitzt.

Hinweise:

i) Der Ausdruck

$$f_{xx}(\tilde{x},\tilde{y}) \cdot f_{yy}(\tilde{x},\tilde{y}) - f_{xy}(\tilde{x},\tilde{y}) \cdot f_{yx}(\tilde{x},\tilde{y})$$

aus Satz 6.2.3 kann auch als Determinante der Matrix

$$\begin{pmatrix} f_{xx}(x,y) & f_{xy}(x,y) \\ f_{yx}(x,y) & f_{yy}(x,y) \end{pmatrix}$$

an der Stelle $(x,y) = (\tilde{x},\tilde{y})$ aufgefaßt werden.

ii) Bei Funktionen von mehr als zwei Variablen ist es zur Überprüfung des Vorliegens einer Extremstelle nicht mehr ausreichend, die Determinante der Matrix aus allen zweiten partiellen Ableitungen zu berechnen.

Aufgaben:

1) Untersuchen Sie folgende Funktionen zweier Variablen:

a) $z = f_1(x,y) = x^2 + 2y^2$
b) $z = f_2(x,y) = \sqrt{9 - x^2 - y^2}$
c) $z = f_3(x,y) = 3 \cdot \cos(\pi x) - \cos(\pi y)$
d) $z = f_4(x,y) = -\frac{1}{2}x - 2y + 2$

1.1) Bilden Sie die ersten partiellen Ableitungen von f_i, $i = 1, \dots 4$.
1.2) Welche Steigung hat die Tangente an das Bild von $z = f_i(x, y)$ im Punkt $(x_0, y_0) = (1, 1)$ in Richtung

α) der Winkelhalbierenden des 1. Quadranten?
β) der negativen X-Achse?

1.3) Approximieren Sie $f_i(2.1, 0.1)$ von $(x_0, y_0) = (2, 0)$ aus mit Hilfe des totalen Differentials.
1.4) Hat $z = f_i(x, y)$ bei $(\tilde{x}, \tilde{y}) = (0, 0)$ eine Extremstelle?
2) Bestimmen Sie folgende Richtungsableitungen:
a) $g(x, y) = \sin x \cdot \cos y$ im Punkt $(\pi, \frac{\pi}{2})$ in Richtung der negativen X-Achse;
b) $h(x, y) = \ln \frac{x+y}{x-y}$ im Punkt $(-1, 0)$ in Richtung der Winkelhalbierenden des 1.Quadranten.
3) Verwenden Sie das totale Differential, um den Wert der Funktion $z = \frac{x^2}{y}$ an der Stelle $(x, y) = (12.2, -2.8)$ aus dem Funktionswert an der Stelle $(12, -3)$ näherungsweise zu berechnen. (Zum Vergleich: Wie lautet der exakte Funktionswert?)
4) Untersuchen Sie, ob die Funktion

$$z = k(x, y) = \sin(x + y) \cdot \cos(x - y)$$

an folgenden Stellen extremale Werte annimmt:

$$\text{a) } (\frac{\pi}{4}, \frac{\pi}{4}), \qquad \text{b) } (\frac{\pi}{4}, -\frac{\pi}{4})$$

Handelt es sich dabei jeweils um ein Minimum oder ein Maximum? (Hinweis: Vereinfachen Sie die ersten partiellen Ableitungen mit Hilfe der Additionstheoreme für trigonometrische Funktionen.)

Kapitel 7

Integration reeller Funktionen mehrerer Variablen

7.1 Kurven und Kurvenintegrale

Wenn ein Körper sich in der Zeit durch den Raum bewegt, so entsteht durch die Orte, die der Körper zu den verschiedenen Zeitpunkten eingenommen hat, eine Bahnkurve. Beispiele hierfür sind Planetenbahnen, der Weg eines Schiffes über den Ozean, der Flug einer Hummel oder der eines Elementarteilchens durch eine Blasenkammer. Eine derartige Kurven können wir uns durch eine stetige Funktion $\vec{f} : [a, b] \to \mathbb{R}^n$ dargestellt denken mit $\vec{f}(t) = (x_1(t), x_2(t), \ldots, x_n(t))$. Hierbei gibt $\vec{f}(t)$ den Punkt im n-dimensionalen Raum an, den der Körper zum Zeitpunkt t eingenommen hat. $\vec{f}(a)$ heißt Anfangspunkt, $\vec{f}(b)$ heißt Endpunkt der Kurve. Ist $\vec{f}(a) = \vec{f}(b)$ so nennt man die Kurve geschlossen. Wir wollen nun allerdings den Begriff Kurve nicht so eng fassen, daß wir die Kurve mit der Funktion $\vec{f}$ identifizieren. Vielmehr wollen wir zulassen, daß zwei Körper dieselbe Kurve in unterschiedlichen Zeitintervallen und mit u.U. unterschiedlicher Geschwindigkeit durchlaufen, sofern die Durchlaufungsrichtung beibehalten wird (wie z.B. Eiskunstläufer bei der Pflicht). Mathematisch gesprochen sagen wir, zwei Funktionen $\vec{f_1} : [a_1, b_1] \to \mathbb{R}^n$ und $\vec{f_2} : [a_2, b_2] \to \mathbb{R}^n$ beschreiben dieselbe Kurve, wenn es eine streng monoton wachsende Funktion $\varphi : [a_1, b_1] \to [a_2, b_2]$ gibt mit $\varphi(a_1) = a_2$ und $\varphi(b_1) = b_2$, sowie

$$\vec{f_2}(\varphi(t)) = \vec{f_1}(t)$$

für alle $t \epsilon [a_1, b_1]$. Man sagt dann: $\vec{f_1}$ und $\vec{f_2}$ sind zwei verschiedene Parameterdarstellungen derselben Kurve γ.

Beispiel 7.1.1:

$$\begin{aligned}\vec{f}_1(t) &= (r\cos t, r\sin t),\ t\epsilon[0,\pi] \\ \vec{f}_2(t) &= (-x, \sqrt{r^2-x^2}),\ x\epsilon[-r,r]\end{aligned}$$

Diese beiden Darstellungen beschreiben offenbar den oberen Halbkreis mit Radius r, mit $(r,0)$ als Anfangspunkt und $(-r,0)$ als Endpunkt. Die auf dem Intervall $[0,\pi]$ streng monoton wachsende Funktion

$$\varphi(t) = -r\cos t$$

führt die eine Darstellung in die andere über.

Ist nun $\vec{f}_1$ eine Parameterdarstellung der Kurve γ_1 und $\vec{f}_2$ eine Parameterdarstellung der Kurve γ_2 und gibt es eine streng monoton fallende Funktion $\psi : [a_1, b_1] \to [a_2, b_2]$ mit $\psi(a_1) = b_2$ und $\psi(b_1) = a_2$, sowie

$$\vec{f}_2(\psi(t)) = \vec{f}_1(t)$$

für alle $t\epsilon[a_1, b_1]$, so ist offenbar der Anfangspunkt der Kurve γ_1 gleich dem Endpunkt der Kurve γ_2, denn

$$\vec{f}_1(a_1) = \vec{f}_2(\psi(a_1)) = \vec{f}_2(b_2).$$

Ganz entsprechend sieht man, daß der Anfangspunkt der Kurve γ_2 gleich dem Endpunkt der Kurve γ_1 ist, denn

$$\vec{f}_1(b_1) = \vec{f}_2(\psi(b_1)) = \vec{f}_2(a_2).$$

Es werden durch γ_1, dargestellt durch die Parameterdarstellung $\vec{f}_1$, dieselben Punkte des $\mathbb{R}^n$ durchlaufen wie durch γ_2, dargestellt durch die Parameterdarstellung $\vec{f}_2$, allerdings in entgegengesetzter Richtung. Man sagt, γ_2 ist die zu γ_1 gegenläufige Kurve, symbolisch

$$\gamma_2 = -\gamma_1.$$

Beispiel 7.1.2: Sei

$$\begin{aligned}\gamma_1 : \vec{f}_1(t) &= (r\cos t, r\sin t),\ t\epsilon[0,\pi] \\ \gamma_2 : \vec{f}_2(t) &= (-r\cos t, r\sin t),\ t\epsilon[0,\pi]\end{aligned}$$

Diese beiden Kurven beschreiben offenbar den oberen Halbkreis mit Radius r, allerdings in entgegengesetztem Sinne durchlaufen. Insbesondere ist $(r,0)$

der Anfangspunkt von γ_1 und $(-r,0)$ deren Endpunkt, während $(-r,0)$ der Anfangspunkt von γ_2 und $(r,0)$ deren Endpunkt ist. Die auf dem Intervall $[0,\pi]$ streng monoton fallende Funktion

$$\psi(t) = -t + \pi$$

führt die Darstellung $\vec{f_2}$ von γ_2 in die Darstellung $\vec{f_1}$ von γ_1 über, denn auf Grund von $\cos(\alpha+\pi) = -\cos(\alpha)$ und $\sin(\alpha+\pi) = -\sin(\alpha)$ erhält man

$$(-r\cos(-t+\pi), r\sin(-t+\pi)) = (r\cos(-t), -r\sin(-t)) = (r\cos t, r\sin t)$$

Es ist also $\gamma_2 = -\gamma_1$.

Für Anwendungen besonders wichtig sind Kurven, bei denen kein Kurvenpunkt mehrfach durchlaufen wird (evtl. mit Ausnahme von Anfangs- und Endpunkt, die ja bei geschlossenen Kurven naturgemäß gleich sind).

Definition 7.1.1 *Eine Kurve heißt Jordankurve, wenn aus* $\vec{f}(t_1) = \vec{f}(t_2)$ *folgt: entweder* $t_1 = t_2$ *oder für* $t_1 < t_2$*:* $t_1 = a$ *und* $t_2 = b$.

Die Kurven γ_1 und γ_2 aus dem vorangegangenen Beispiel sind Jordankurven.

7.1.1 Tangenten und Tangentenvektoren

Ähnlich wie bei einer einzigen Funktion einer Variablen kann man nun auch bei Kurven die Frage nach der Tangente in einem Kurvenpunkt untersuchen. Hierzu wollen wir voraussetzen, daß die Komponenten der Parameterdarstellung der Kurve stückweise stetig differenzierbar sind (d.h. man kann das Parameterintervall in endlich viele Teilintervalle zerlegen, so daß die Komponenten auf jedem Teilintervall stetig differenzierbar sind, endlich viele Ecken sind also zugelassen). Zur Vereinfachung der Schreibweise wollen uns auf ebene Kurven (d.h. $n = 2$) beschränken.

Seien nun t_0 und t_1 zwei Parameterwerte, und sei die Parameterdarstellung $(x(t), y(t))$ in t_0 differenzierbar. Die Gleichung der Sekante durch die Punkte $(x(t_0), y(t_0))$ und $(x(t_1), y(t_1))$ lautet dann

$$(s_1(t), s_2(t)) = \frac{t-t_0}{t_1-t_0}(x(t_1), y(t_1)) + (1 - \frac{t-t_0}{t_1-t_0})(x(t_0), y(t_0))$$

denn offenbar gilt

$$(s_1(t_0), s_2(t_0)) = (x(t_0), y(t_0))$$

und

$$(s_1(t_1), s_2(t_1)) = (x(t_1), y(t_1)).$$

Eine Gerade ist aber durch zwei Punkte festgelegt. Wir wollen nun die Gleichung der Sekante noch etwas anders schreiben, indem wir den zweiten Skalarfaktor ausmultiplizieren und geeignet ausklammern:

$$\begin{aligned}(s_1(t), s_2(t)) &= \frac{t-t_0}{t_1-t_0}((x(t_1), y(t_1)) - (x(t_0), y(t_0))) + (x(t_0), y(t_0)) \\ &= (t-t_0)\left(\frac{x(t_1)-x(t_0)}{t_1-t_0}, \frac{y(t_1)-y(t_0)}{t_1-t_0}\right) + (x(t_0), y(t_0))\end{aligned}$$

Lassen wir nun t_1 gegen t_0 laufen, so wissen wir aus der Differentialrechnung einer Funktion einer Variablen, daß $\lim_{t_1 \to t_0} \frac{x(t_1)-x(t_0)}{t_1-t_0} = x'(t_0)$ und $\lim_{t_1 \to t_0} \frac{y(t_1)-y(t_0)}{t_1-t_0} = y'(t_0)$. Die Gleichung der Tangente im Kurvenpunkt $(x(t_0), y(t_0))$ lautet dann

$$(\tau_1(t), \tau_2(t)) = (t-t_0)(x'(t_0), y'(t_0)) + (x(t_0), y(t_0))$$

Für t_1 gegen t_0 nähern sich die Sekanten immer mehr der Tangente in t_0 an. Der Vektor $(x'(t_0), y'(t_0))$ heißt Tangentenvektor der Parameterdarstellung $(x(t), y(t))$ für den Parameterwert t_0. Den Tangentenvektor kann man sich als im Punkt $(x(t_0), y(t_0))$ angeheftet denken.

Beispiel 7.1.3: Wir betrachten die Parameterdarstellung $(r\cos t, r\sin t)$, $t\epsilon[0, \pi]$ für den im Gegenuhrzeigersinn durchlaufenen oberen Halbkreis. Der Tangentenvektor für den Parameterwert t lautet:

$$(-r\sin t, r\cos t) = r\sin t(-1, \cot t)$$

Als weitere Darstellung derselben Kurve hatten wir oben die Parameterdarstellung $(-x, \sqrt{r^2-x^2})$, $x\epsilon[-r, r]$ kennengelernt. Der Tangentenvektor für den Parameterwert x lautet dann

$$(-1, \frac{-x}{\sqrt{r^2-x^2}})$$

Die zweite Komponente dieses Vektors ist nun ebenfall der Cotangens (man beachte, daß x für Kurvenpunkte im erste Quadranten negativ, für Kurvenpunkte im zweiten Quadranten positiv ist). Vergleicht man nun die Tangentenvektoren für denselben Kurvenpunkt (d.h. $x = -r\cos t$), so erkennt man, daß sich die beiden Tangentenvektoren nur um den Faktor $r\sin t$ unterscheiden. Sie sind somit kollinear und zeigen in dieselbe Richtung, da der Sinus auf dem Intervall $[0, \pi]$ nichtnegativ ist. Dieses Verhalten ist für verschiedenen Parameterdarstellungen derselben Kurve typisch, wie sich allgemein mit Hilfe der Kettenregel nachweisen läßt. Für die gegenläufige Kurve erhält man natürlich im selben Kurvenpunkt einen Tangentenvektor, der in die entgegengesetzte Richtung zeigt. Dieses Beispiel zeigt allerdings auch, daß die Beträge der Tangentenvektoren für verschiedene Parameterdarstellungen im selben Kurvenpunkt durchaus unterschiedlich sein können. So ist der Betrag für die erste Parameterdarstellung stets gleich r, für die zweite Parameterdarstellung jedoch $\sqrt{1+\frac{x^2}{r^2-x^2}}$. Für $|x| = r$ wird der Betrag des Tangentenvektors sogar unendlich (genaugenommen ist also die zweite Parameterdarstellung nicht auf dem ganzen Intervall $[-r, r]$ stückweise stetig differenzierbar). Den Betrag des Tangentenvektors kann man anschaulich als Momentangeschwindigkeit des die Kurve durchlaufenden Punktes deuten.

7.1.2 Kurvenintegrale

Auch in diesem Abschnitt wollen wir uns zur Vereinfachung der Schreibweise auf ebene Kurven beschränken. Sei $\vec{E}(x,y) = (a(x,y), b(x,y))$ ein für jeden Punkt der Ebene stetiges Vektorfeld, d.h. jedem Punkt (x,y) der Ebene wird ein Vektor $(a(x,y), b(x,y))$ zugeordnet, dessen Komponentenfunktionen $a(x,y)$ und $b(x,y)$ stetig sind. Physikalisch kann man ein solches Vektorfeld z.B. als Kraftfeld deuten. Sei nun eine stückweise stetig differenzierbare Parameterdarstellung $(x(t), y(t))$, $t \epsilon [a, b]$ einer Kurve γ gegeben. Dann nennen wir das Integral

$$\begin{aligned} & \int_\alpha^\beta < \vec{E}(x(t), y(t)), (x'(t), y'(t)) > dt \\ = & \int_\alpha^\beta (a(x(t), y(t))x'(t) + b(x(t), y(t))y'(t))\, dt \end{aligned}$$

das Kurvenintegral von $\vec{E}$ längs γ und schreiben es

$$\int_\gamma a(x,y)\, dx + b(x,y) dy. \tag{7.1}$$

Der Integrand des Kurvenintegrals ist also das Skalarprodukt des Feldvektors im Kurvenpunkt $(x(t), y(t))$ mit dem dortigen Tangentenvektor $(x'(t), y'(t))$ und spiegelt damit wider, in welchem Umfang der Feldvektor in Richtung des momentanen Kurvenverlaufs wirkt. Physikalisch läßt sich das Kurvenintegral als Arbeit längs des Weges γ deuten. Eine andere übliche Bezeichnung ist

$$\oint_\gamma \vec{E} \cdot d\vec{x} \tag{7.2}$$

wobei der Punkt andeuten soll, daß sich um das (formale) Skalarprodukt zwischen $(a(x,y), b(x,y))$ und (dx, dy) handelt.

Beispiel 7.1.4: Sei das Vektorfeld durch $a(x,y) = xy$ und $b(x,y) = x - y$ gegeben und die Kurve γ durch die Parameterdarstellung $(\cos t, \sin t)$, $t \epsilon [0, 2\pi]$ bestimmt. Dann erhalten wir für das Kurvenintegral

$$\begin{aligned}
\int_\gamma a(x,y)\,dx + b(x,y)\,dy &= \int_0^{2\pi} ((\cos t \sin t)(\cos t)' + (\cos t - \sin t)(\sin t)')\,dt \\
&= \int_0^{2\pi} (\cos t \sin t)(-\sin t) + (\cos t - \sin t)(\cos t))\,dt \\
&= \int_0^{2\pi} (-\cos t \sin^2 t + \cos^2 t - \sin t \cos t)dt = \pi
\end{aligned}$$

Das Integral über den ersten und letzten Summanden ergibt jeweils Null, für den mittleren Summanden erhält man den Wert π.

Die Schreibweisen (7.1) und (7.2) enthalten keinen Bezug zu einer speziellen Parameterdarstellung. Dies legt den Gedanken nahe, daß der Wert des Integrals nicht von der Parameterdarstellung abhängt. Seien nämlich $(x_1(t), y_1(t))$, $t \epsilon [\alpha_1, \beta_1]$ und $(x_2(t), y_2(t))$, $t \epsilon [\alpha_2, \beta_2]$ zwei Parameterdarstellungen derselben Kurve γ und sei φ eine streng monoton wachsende Funktion, die die eine in die andere Darstellung überführt, dann gilt auf Grund der Substitutionsregel für $t = \varphi(\tau)$ mit $\varphi(\alpha_2) = \alpha_1$ und $\varphi(\beta_2) = \beta_1$:

$$\begin{aligned}
\int_{\alpha_1}^{\beta_1} a(x_1(t), y_1(t)) \frac{dx_1(t)}{dt}\,dt &= \int_{\alpha_2}^{\beta_2} a(x_1(\varphi(\tau)), y_1(\varphi(\tau))) \frac{dx_1(\varphi(\tau))}{dt} \frac{d\varphi(\tau)}{d\tau} d\tau \\
&= \int_{\alpha_2}^{\beta_2} a(x_2(\tau), y_2(\tau)) x_2'(\tau) d\tau
\end{aligned}$$

denn nach der Kettenregel ist

$$\frac{dx_2(\tau)}{d\tau} = \frac{dx_1(\varphi(\tau))}{d\tau} = \frac{dx_1(\varphi(\tau))}{dt} \frac{d\varphi(\tau)}{d\tau}$$

Entsprechend kann man zeigen, daß

$$\int_{\alpha_1}^{\beta_1} b(x_1(t), y_1(t)) y_1'(t)\,dt = \int_{\alpha_2}^{\beta_2} b(x_2(\tau), y_2(\tau)) y_2'(\tau) d\tau$$

ist. Damit ist der Wert des Kurvenintegrals unabhängig von der Parameterdarstellung. Für spätere Zwecke wollen wir noch einige spezielle Parametrisierungen untersuchen:

1. Wir betrachten das Kurvenintegral $\int_\gamma a(x,y)dx$ für den Fall, daß die Kurve sich als Funktion $y(x)$ auf dem Intervall $[\alpha, \beta]$ darstellen läßt. Man hat dann die Parameterdarstellung $(x, y(x))$, $x \epsilon [\alpha, \beta]$ und erhält

$$\int_\gamma a(x,y)\,dx = \int_\alpha^\beta a(x, y(x)) \frac{dx}{dx} dx = \int_\alpha^\beta a(x, y(x))\,dx \qquad (7.3)$$

Entsprechend gilt für den Fall daß sich die Kurve als Funktion $x(y)$ auf dem Intervall $[\alpha, \beta]$ darstellen läßt

$$\int_\gamma b(x,y)\,dy = \int_\alpha^\beta b(x(y),y)\,dy \tag{7.4}$$

2. Für eine zur y-Achse parallele Strecke mit der Parameterdarstellung $(c, y(t)),\ t\epsilon[\alpha,\beta]$ erhält man

$$\int_\gamma a(x,y)\,dx = \int_\alpha^\beta a(c,y(t))\frac{dc}{dt}\,dt = 0 \tag{7.5}$$

entsprechend für eine zur x-Achse parallele Strecke mit der Parameterdarstellung $(x(t), c)$:

$$\int_\gamma b(x,y)\,dy = \int_\alpha^\beta b(x(t),c)\frac{dc}{dt}\,dt = 0 \tag{7.6}$$

3. Sei die Kurve γ durch die Parameterdarstellung $(x(t), y(t)),\ t\epsilon[\alpha,\beta]$ gegeben. Durch $(x(-\tau), y(-\tau)), \tau\epsilon[-\beta,-\alpha]$ erhält man offenbar eine Parameterdarstellung der zu γ gegenläufigen Kurve $-\gamma$. Für das Kurvenintegral $\int_\gamma a(x,y)dx$ ergibt sich dann durch die Substitution $t = -\tau$:

$$\begin{aligned}
\int_\gamma a(x,y)\,dx &= \int_\alpha^\beta a(x(t),y(t))\frac{dx(t)}{dt}dt \\
&= \int_{-\alpha}^{-\beta} a(x(-\tau),y(-\tau))\frac{dx(-\tau)}{dt}\frac{dt}{d\tau}d\tau \\
&= \int_{-\alpha}^{-\beta} a(x(-\tau),y(-\tau))\frac{dx(-\tau)}{d\tau}d\tau
\end{aligned}$$

wobei die letzte Gleichung eine Anwendung der gewöhnlichen Kettenregel ist. Andererseits gilt für das Kurvenintegral über $-\gamma$:

$$\int_{-\gamma} a(x,y)\,dx = \int_{-\beta}^{-\alpha} a(x(-\tau),y(-\tau))\frac{dx(-\tau)}{d\tau}d\tau$$

Damit erhalten wir:

$$\int_{-\gamma} a(x,y)\,dx = -\int_\gamma a(x,y)\,dx \tag{7.7}$$

Entsprechend kann man zeigen:

$$\int_{-\gamma} b(x,y)\,dy = -\int_\gamma b(x,y)\,dy \tag{7.8}$$

7.2 Bereichsintegrale

Der Rauminhalt zwischen einer auf einem Rechteck gegebenen Funktion zweier Variablen und der (x, y)-Ebene läßt sich durch die Summe von Rauminhalten geeigneter Quader annähern. Sei nämlich $I := \{(x, y) | a \leq x \leq b, c \leq y \leq d\}$ ein Rechteck und $f : I \to \mathbb{R}$ eine auf I beschränkte Funktion, dann lassen sich Ober- und Untersummen ähnlich wie bei eindimensionaler Integration definieren:

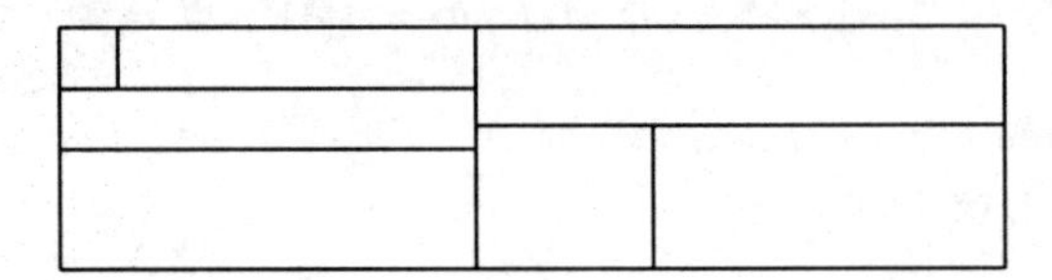

Sei Z eine Zerlegung von I (Bild) in n Teilintervalle I_k dann erhält man als Obersumme:

$$\overline{S}(Z) = \sum_{k=1}^{n} \overline{M}_k |I_k|$$

und als Untersumme

$$\underline{S}(Z) = \sum_{k=1}^{n} \underline{M}_k |I_k|$$

mit $\overline{M}_k = \sup_{(x,y)\epsilon I_k} f(x, y)$ und $\underline{M}_k = \inf_{(x,y)\epsilon I_k} f(x, y)$. Ober- und Unterintegral lassen sich ebenfalls ähnlich wie im Eindimensionalen definieren:

$$\overline{\int_I} f(x, y)\, d(x, y) = \inf_Z \overline{S}(Z)$$

$$\underline{\int_I} f(x, y)\, d(x, y) = \sup_Z \underline{S}(Z)$$

Man kann zeigen, daß diese Definitionen vernünftig sind, wobei Existenz von Ober- und Unterintegral im wesentlichen an der Ungleichung

$$\underline{S}(Z_1) \leq \overline{S}(Z_2)$$

für beliebige Zerlegungen Z_1 und Z_2 von I liegt.
Ist nun die Funktion f gar nicht auf einem Rechteck, sondern auf einer zunächst einmal beliebigen beschränkten Menge K definiert und dort beschränkt, so bestimmt man ein geeignetes Rechteck I mit $K \subset I$ und definiert die Fortsetzung von f auf I folgendermaßen:

$$\overline{f}(x, y) = \begin{cases} f(x, y) \text{ für } (x, y)\epsilon K \\ 0 \text{ für } (x, y)\epsilon I - K \end{cases}$$

Für $\overline{f}$ lassen sich dann Ober- und Unterintegral nach dem oben beschriebenen Schema bestimmen.

Definition 7.2.1 *Die auf der beschränkten Menge K definierte und dort beschränkte Funktion f heißt über K integrierbar, wenn Ober- und Unterintegral für die Fortsetzung $\overline{f}$ (auf ein K umfassendes Rechteck I) übereinstimmen. Diese Zahl heißt dann das (Bereichs-) Integral von f über K, symbolisch*

$$\int_K f(x,y)d(x,y)$$

Bei genauerer Betrachtung zeigt sich, daß es nützlich ist, 'vernünftige' Mengen K (im Sinne der Integration) von 'unvernünftigen' zu unterscheiden:
sei K eine beschränkte Teilmenge des $\mathbb{R}^2$, dann bezeichnet man Ober- und Unterintegral der sog. charakteristischen Funktion χ mit

$$\chi(x,y) = \begin{cases} 1 \,\text{für}\ (x,y)\epsilon K \\ 0 \,\text{sonst} \end{cases}$$

als äußeres bzw. inneres Maß von K, symbolisch:

$$\overline{\mu}(K) = \overline{\int}_K d(x,y)$$

$$\underline{\mu}(K) = \underline{\int}_K d(x,y)$$

Stimmen äußeres und inneres Maß überein, so heißt die Menge K meßbar und man schreibt:

$$\mu(K) = \int_K d(x,y)$$

Um die meßbaren Mengen besser beschreiben zu können benötigen wir einige Begriffe:

Definition 7.2.2 *K heißt abgeschlossen, wenn jeder Grenzwert einer Folge von Elementen aus K zu K gehört.*

Beispiel 7.2.1: jedes Rechteck

$$I = \{(x,y)|a \leq x \leq b, c \leq y \leq d\}$$

oder die von einem Kreis umschlossenen Fläche

$$K_1 = \{(x,y)|x^2 + y^2 \leq 1\}$$

ist abgeschlossen, nicht jedoch die Mengen

$$\{(x,y)|a < x \leq b, c < y \leq d\}$$

oder

$$\{(x,y)|x^2 + y^2 < 1\}$$

Definition 7.2.3 *Als Rand einer abgeschlossenen Menge K bezeichnet man die Menge*

$$\mathrm{Rd}(K) := \{(x,y)\epsilon K | N_\rho(x,y) \cap (\mathbb{R}^2 - K) \neq \phi \, \textit{für alle} \, \rho > 0\}$$

wobei $N_\rho(x,y)$ das Innere des Kreises mit Mittelpunkt (x,y) und Radius ρ bezeichnet.

Der Rand von I aus dem obigen Beispiel ist also die Umrandung des Rechtecks, während der Rand von K_1 die Kreislinie ist.
Die meßbaren Mengen sind nun gerade solche, wo es zu jedem $\varepsilon > 0$ eine Zerlegung Z gibt derart, daß die Gesamtfläche der den Rand überdeckenden Teilrechtecke kleiner als ε wird, symbolisch also:

$$\sum_{k \epsilon J(Z)} |I_k| < \varepsilon$$

$J(Z) := \{k | I_k \cap \mathrm{Rd}(K) \neq \emptyset\}$ ist hierbei die Menge derjenigen Indizes k, für die I_k nichtleeren Durchschnitt mit dem Rand hat (s. Bild).

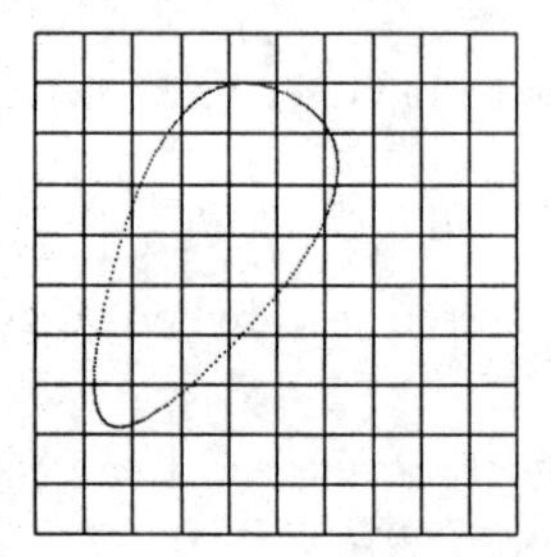

Man kann nun zeigen:

Satz 7.2.1 *Ist K eine beschränkte, abgeschlossene und meßbare Menge, und ist f stetig auf K dann ist f integrierbar über K.*

Der Beweis benutzt, ähnlich wie im Eindimensionalen, die gleichmäßige Stetigkeit von f auf K.
Wir kennen nun 'vernünftige' Mengen und eine wichtige Klasse von Funktionen, die über solche Mengen integrierbar sind. Es bleibt allerdings die Frage: wie rechnet man Bereichsintegrale aus ?

Definition 7.2.4 *Sei nun K eine beschränkte Menge, f eine auf K beschränkte Funktion und I ein Rechteck, das K umfaßt, dann bezeichnet man*

$$\int_c^d \left(\int_a^b \overline{f}(x,y)\,dx \right) dy$$

als Doppelintegral von f über K, oder in Kurzschreibweise:

$$\int_K f(x,y)\,dxdy,$$

falls es existiert.

Man kann zeigen:

Satz 7.2.2 *Ist f über K integrierbar und existiert das Doppelintegral $\int_K f(x,y)\,dxdy$, so gilt*

$$\int_K f(x,y)\,d(x,y) = \int_K f(x,y)\,dxdy$$

Entsprechendes gilt für das Doppelintegral

$$\int_K f(x,y)\,dydx.$$

Kurz gesagt: existieren alle drei Integrale, so sind sie gleich. Insbesondere liefert dies eine wichtige Aussage über die Vertauschbarkeit der Integrationsreihenfolge.

In konkreten Fällen hat die Menge K häufig eine überschaubare Gestalt. Sind z.B. die Schnitte von K in x-Richtung für festes y_0, d.h. die Mengen

$$K_{y_0} := \{(x, y_0) \epsilon K\}$$

Intervalle oder eine endliche Vereinigung davon, so erhält man den folgenden

Satz 7.2.3 *Sei K abgeschlossen, beschränkt und meßbar und alle Schnitte K_y endliche Vereinigungen von Intervallen, sei ferner f stetig auf K, dann existiert das Doppelintegral und es gilt:*

$$\int_K f(x,y)\,d(x,y) = \int_K f(x,y)\,dxdy$$

Entsprechendes erhält man, wenn die Schnitte K_x in y-Richtung analoge Eigenschaften besitzen.

Beispiel 7.2.2: Sei $I = \{(x,y)|a \leq x \leq b, c \leq y \leq d\}$. Dann

$$\begin{aligned} \int_I x\, d(x,y) &= \int_a^b \int_c^d x\, dy\, dx = \int_a^b x[y]_c^d dx \\ &= \int_a^b x(d-c)\, dx = (d-c)[\frac{x^2}{2}]_a^b = (d-c)(b^2-a^2)/2 \end{aligned}$$

Beispiel 7.2.3: Sei $K = \{(x,y)|0 \leq y \leq x^2, 0 \leq x \leq 1\}$ dann

$$\begin{aligned} \int_K x^2\, d(x,y) &= \int_0^1 \int_0^{x^2} x^2\, dy dx \\ &= \int_0^1 x^2[y]_0^{x^2}\, dx = \int_0^1 x^2(x^2-0) dx \\ &= \int_0^1 x^4\, dx = \frac{1}{5} \end{aligned}$$

Beispiel 7.2.4: $K = \{(x,y)|\ x^2+y^2 \leq r^2\}$

$$\begin{aligned} \int_K 1\ d(x,y) &= \int_{-r}^{r} \int_{-\sqrt{r^2-x^2}}^{\sqrt{r^2-x^2}} dy dx \\ &= \int_{-r}^{r} [y]_{-\sqrt{r^2-x^2}}^{\sqrt{r^2-x^2}}\, dx = \int_{-r}^{r} 2\sqrt{r^2-x^2}\, dx \end{aligned}$$

Nimmt man nun die Substitution $x = r \sin t,\ t \epsilon [-\pi/2, \pi/2]$ vor so erhält man:

$$\int_K d(x,y) = \int_{-\pi/2}^{\pi/2} 2\sqrt{r^2 - r^2 \sin^2 t}\, \frac{dx}{dt}\, dt = 2r^2 \int_{-\pi/2}^{\pi/2} \cos^2 t\, dt = \pi r^2$$

wie zu erwarten war.

7.3 Rechnen mit Mehrfachintegralen

7.3.1 Volumenberechnung durch Doppelintegration

Ein etwas anderer Gedankengang als im vorangegangenen Abschnitt veranschaulicht, was das Doppelintegral aus Definition 7.2.4 mit der Volumenberechnung zu tun hat[1]:

Der Grundgedanke der Flächenberechnung durch Integration besteht bekanntlich darin, daß ein Intervall $[x_{min}, x_{max}]$ auf der X-Achse in n Teilstücke

[1] Vorausgesetzt, der Integrationsbereich ist „hinreichend brav“ (s. a. den Unterschied zwischen den Sätzen 7.2.1 und 7.2.3).

der Breite Δx zerlegt wird. Über jedem Teilstück wird ein Rechteck errichtet, und die Summe der Flächeninhalte aller dieser Rechtecke ist eine Näherung für den gesuchten Flächeninhalt. Wenn bei zunehmender Anzahl $n \to \infty$ und abnehmender Breite $\Delta x \to 0$ der Teilstücke die Summe der Rechteckflächen konvergiert, dann heißt dieser Grenzwert das bestimmte Integral der Funktion $f(x)$ über dem Intervall $[x_{min}, x_{max}]$, wobei $f(x)$ den der X-Achse gegenüberliegenden Rand der vorgelegten Fläche beschreibt. Das bestimmte Integral existiert zumindest dann, wenn $f(x)$ auf $[x_{min}, x_{max}]$ stetig ist.

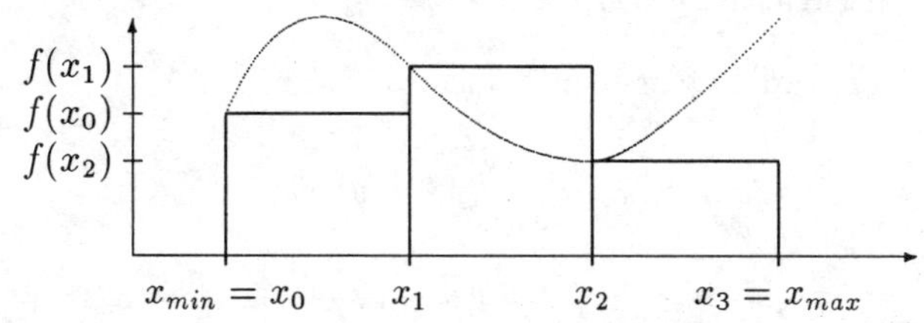

Entsprechend kann man bei der Volumenberechnung eines Körpers vorgehen: Das Intervall $[x_{min}, x_{max}]$ wird in n Teilstücke der Breite $(\Delta x)_i$, $i = 1, \ldots, n$ unterteilt. In jedem Teilstück wählen wir einen Wert x_i. Die Zahl $q(x_i)$ gebe den Flächeninhalt des Querschnitts des Körpers senkrecht zur X-Achse im Punkt x_i an. Für jedes Teilstück errichten wir dann eine senkrechte Säule der Höhe $(\Delta x)_i$ mit Grundfläche $q(x_i)$. Ihr Volumen ist dann $(\Delta x)_i \cdot q(x_i)$, und die Summe aller dieser Säulenvolumina ist eine Näherung für das gesuchte Körpervolumen. Wenn bei zunehmender Anzahl $n \to \infty$ und abnehmender Breite $(\Delta x)_i \to 0$ der Teilstücke die Summe der Säulenvolumina konvergiert, dann ist der Grenzwert gleich dem bestimmten Integral $\int_{x_{min}}^{x_{max}} q(x)\,dx$.

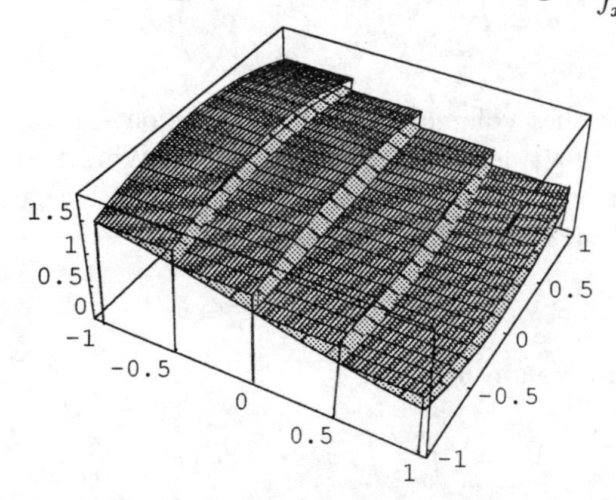

Bei diesem Gedankengang ist die Frage nach der Berechnung von $q(x)$ noch offen geblieben. In Kapitel 4 hatten wir für den Fall rotationssymmetrischer

Körper eine spezielle Antwort gegeben. Hier soll etwas allgemeiner argumentiert werden:

Beschreibe die stetige Funktion $f(x,y)$ den der X-Y-Ebene gegenüberliegenden Rand des Körpers, und sei die senkrechte Projektion F des Körpers auf die X-Y-Ebene berandet durch

- die Geraden $x \equiv x_{min}$ und $x \equiv x_{max}$ sowie
- zwei stetige Kurven $y = g_u(x)$ und $y = g_o(x)$,

dann berechnet sich die Querschnittsfläche $q(x)$ zu

$$q(x) = \int_{g_u(x)}^{g_o(x)} f(x,y)\, dy$$

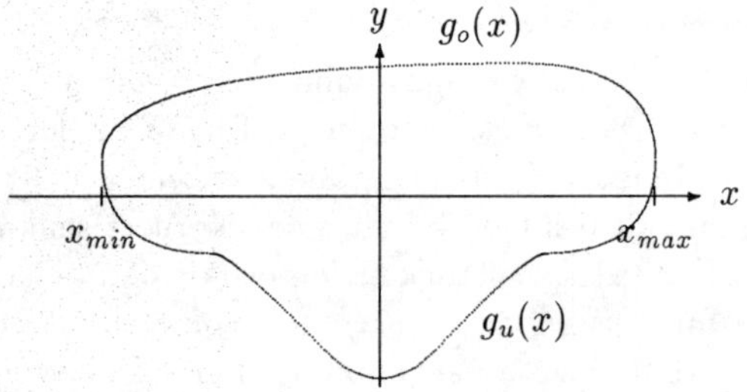

Das gesuchte Volumen erhält man folglich durch die Rechnung

$$V = \int_{x_{min}}^{x_{max}} \left(\int_{g_u(x)}^{g_o(x)} f(x,y)\, dy \right) dx$$

Beispiel 7.3.1: Welches Volumen schließt die Funktion $f(x,y) = x^2 - y^2$ mit der X-Y-Ebene ein über dem Dreieck, das durch die Winkelhalbierenden des ersten und des vierten Quadranten sowie die Gerade $x \equiv 1$ begrenzt wird?

Der Bereich hat die Grenzen

$$x_{min} = 0,\ x_{max} = 1,\ g_u(x) = -x,\ g_o(x) = x,$$

und für das gesuchte Volumen V gilt:

$$\begin{aligned} V &= \int_0^1 \left(\int_{-x}^{x} x^2 - y^2\, dy \right) dx \\ &= \int_0^1 \left[x^2 y - \frac{y^3}{3} \right]_{-x}^{x} dx \end{aligned}$$

$$\begin{aligned} &= \int_0^1 2x^3 - \frac{2x^3}{3}\,dx \\ &= \int_0^1 \frac{4}{3}\cdot x^3\,dx \\ &= \left[\frac{1}{3}\cdot x^4\right]_0^1 \\ &= \frac{1}{3} \end{aligned}$$

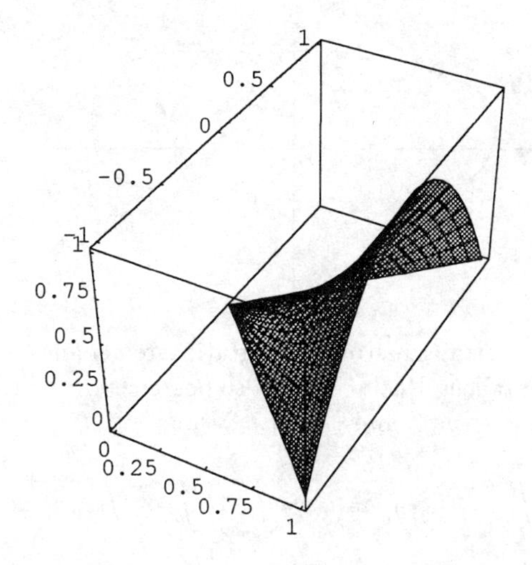

Hinweise

Der Ausdruck

$$\int_{x_{min}}^{x_{max}} \left(\int_{g_u(x)}^{g_o(x)} f(x,y)\,dy \right) dx$$

ist das Doppelintegral aus Definition 7.2.4. Für den Umgang mit Doppelintegralen ist zu beachten:

1) Die Klammern um das innere Integral werden wir zukünftig weglassen.

2) Sei K der von $x \equiv x_{min}$, $x \equiv x_{max}$, $y = g_u(x)$ und $y = g_o(x)$ eingeschlossene Bereich. Um auszudrücken, daß das Bereichsintegral über K durch Doppelintegration ausgerechnet werden kann, schreibt man das Bereichsintegral auch mit *zwei* Integralzeichen:

$$V = \int_K \int f(x,y)\,dK := \int_{x_{min}}^{x_{max}} \int_{g_u(x)}^{g_o(x)} f(x,y)\,dy\,dx$$

3) Wenn sich die Projektion K des vorgelegten Körpers auf die X-Y-Ebene durch die Geraden $y \equiv y_{min}$, $y \equiv y_{max}$ und zwei stetige Kurven $x = g_l(y)$ und $x = g_r(y)$ beschreiben läßt, dann kann das Volumen auch durch die Integration

$$V = \int_{y_{min}}^{y_{max}} \int_{g_l(y)}^{g_r(y)} dx\, dy$$

berechnet werden.

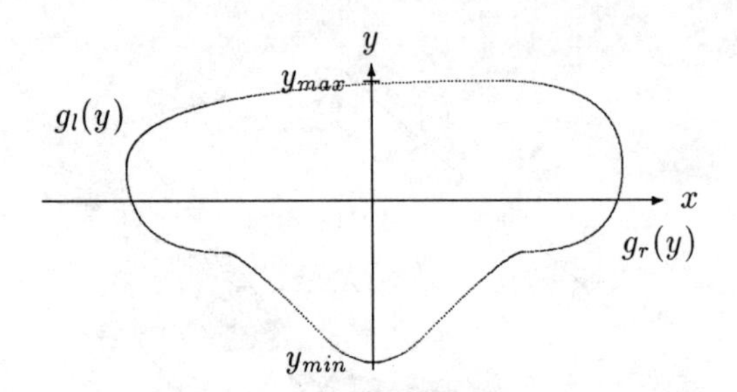

4) Ein einfaches Vertauschen der Integrationsreihenfolge ist nur erlaubt, wenn F ein achsenparalleles Rechteck ist, also begrenzt wird durch die Geraden $x \equiv x_{min}$, $x \equiv x_{max}$, $y \equiv y_{min}$ und $y \equiv y_{max}$. Dann gilt

$$\int_{x_{min}}^{x_{max}} \int_{y_{min}}^{y_{max}} f(x,y)\, dy\, dx = \int_{y_{min}}^{y_{max}} \int_{x_{min}}^{x_{max}} f(x,y)\, dx\, dy$$

Doppelintegration in Polarkoordinaten

Beispiel 7.3.2: Welches Volumen V schließt die Funktion $f(x,y) = x^2 + y^2$ mit der X-Y-Ebene ein über dem Viertelkreis $x \geq 0$, $y \geq 0$, $x^2 + y^2 \leq 1$?

Diese Aufgabenstellung führt auf eine recht langwierige Integration, deren wesentliche Stationen wie folgt lauten:

$$\begin{aligned} V &= \int_0^1 \int_0^{\sqrt{1-x^2}} x^2 + y^2\, dy\, dx \\ &= \frac{1}{3} \cdot \int_0^1 (1 + 2x^2) \cdot \sqrt{1 - x^2}\, dx \\ &= \frac{1}{4} \cdot \arcsin 1 \\ &= \frac{\pi}{8} \end{aligned}$$

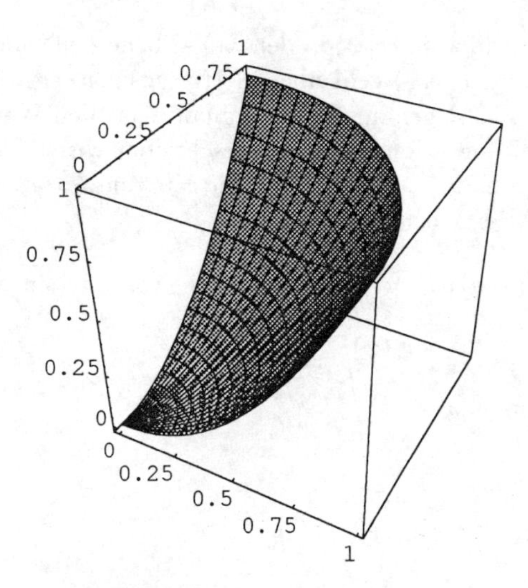

In Abhängigkeit von der Gestalt des Bereichs K kann sich die Berechnung des Doppelintegrals über K durch Einführung eines anderen Koordinatensystems vereinfachen. Analog zur Integration durch Substitution bei der gewöhnlichen Integration gilt hierfür:

Satz 7.3.1 *Der Bereich K in der X-Y-Ebene habe einen stückweise glatten Rand (d.h. er besitze nur endliche viele „Ecken"). Die Umrechnung von ξ-η-Koordinaten in die kartesischen Koordinaten x und y erfolge umkehrbar eindeutig durch die stetigen Funktionen*

$$\begin{aligned} x &= a(\xi, \eta) \\ y &= b(\xi, \eta) \end{aligned}$$

Wenn für die ebenfalls stetigen partiellen Ableitungen von a und b

$$D := \det \begin{pmatrix} a_\xi & b_\xi \\ a_\eta & b_\eta \end{pmatrix} \neq 0$$

ist, dann gilt für auf K stetige Funktionen $f(x, y)$

$$\int_K \int f(x, y)\, dy\, dx = \int_K \int f(a(\xi, \eta), b(\xi, \eta)) \cdot |D|\, d\xi\, d\eta$$

(Bei dem Doppelintegral links von Gleichheitszeichen sind die Integrationsgrenzen in kartesischen Koordinaten anzugeben, rechts entsprechend in ξ-η-Koordinaten.)

Für die Polarkoordinaten (r, φ) in der X-Y-Ebene heißt dies:

i) Der Integrand $f(x, y)$ geht über in $f(r \cdot \cos\varphi, r \cdot \sin\varphi)$.

ii) Die in Satz 7.3.1 genannte Determinante hat den Wert $D = r$.

iii) Wenn der Integrationsbereich K beschrieben wird durch die Halbgeraden $\varphi \equiv \varphi_{min}$ und $\varphi \equiv \varphi_{max}$ sowie durch die Kurven $r = r_u(\varphi)$ und $r = r_o(\varphi)$, dann lautet das Bereichsintegral über K:

$$\int_K \int f(x, y)\, dK = \int_{\varphi_{min}}^{\varphi_{max}} \int_{r_u(\varphi)}^{r_o(\varphi)} f(r \cdot \cos\varphi, r \cdot \sin\varphi) \cdot r\, dr\, d\varphi$$

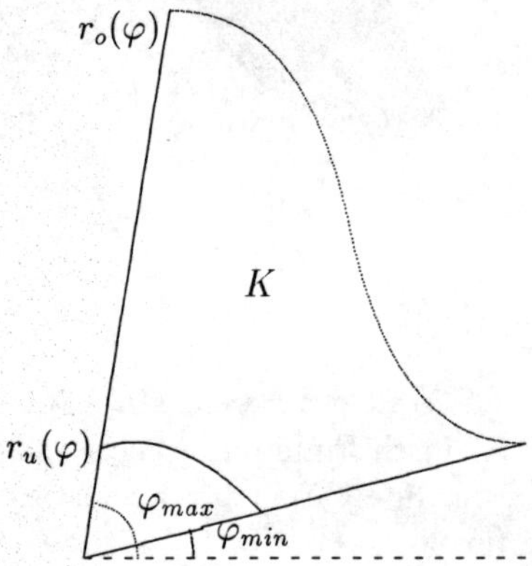

iv) Am Ursprung sind zwar die Voraussetzungen des Satzes verletzt, aber für beschränkte Funktionen bleibt die Formel unter iii) trotzdem gültig.

Beispiel 7.3.2: (Fortsetzung) Die Berechnung desselben Volumens unter Verwendung von Polarkoordinaten verläuft folgendermaßen:

$$\begin{aligned} V &= \int_0^{\pi/2} \int_0^1 (r^2 \cos^2\varphi + r^2 \sin^2\varphi) \cdot r\, dr\, d\varphi \\ &= \int_0^{\pi/2} \int_0^1 r^3 (\cos^2\varphi + \sin^2\varphi)\, dr\, d\varphi \\ &= \int_0^{\pi/2} \frac{1}{4}\, d\varphi \\ &= \frac{\pi}{8} \end{aligned}$$

7.3.2 Eine andere Interpretation des Doppelintegrals

Die Funktion $f(x, y)$ wurde bisher als Höhe eines Körpers an der Stelle (x, y) angesehen und zur Volumenberechnung eingesetzt. Andere Deutungen des Integranden erlauben die Berechnung weiterer Größen durch Doppelintegration.

Flächenberechnung

Als Sonderfall der Volumenberechnung liefert mit der Setzung $f(x,y) \equiv 1$ die Integration von f über den Bereich K zahlenmäßig den Flächeninhalt von K. (Beim Rechnen mit Maßeinheiten erhält man allerdings hier eine Volumeneinheit.)

Masse und Schwerpunkt einer Platte

Eine Platte aus inhomogenem Material bedecke in X-Y-Richtung den Bereich K, und die Funktion $\mu(x,y)$ gebe die Massedichte in jedem Punkt (x,y) von K an. Die Masse M der Platte ergibt sich dann zu

$$M = \int_K \int \mu(x,y)\, dK$$

Weiterhin erhält man die Koordinaten $(\bar{x}, \bar{y})$ des Schwerpunktes der Platte durch die Rechnung

$$\bar{x} = \frac{1}{M} \cdot \int_K \int x \cdot \mu(x,y)\, dK, \qquad \bar{y} = \frac{1}{M} \cdot \int_K \int y \cdot \mu(x,y)\, dK$$

Beispiel 7.3.3: Die im ersten Quadranten zwischen dem Ursprung und der Geraden $x + y = 1$ gelegene dreieckige Platte mit der Massendichteverteilung $\mu(x,y) = 2x^2 + y^2$ hat die Masse

$$\begin{aligned} M &= \int_0^1 \int_0^{1-x} \mu(x,y)\, dy\, dx \\ &= \int_0^1 \int_0^{1-x} 2x^2 + y^2\, dy\, dx \\ &= \int_0^1 \left[2x^2 y + \frac{y^3}{3} \right]_0^{1-x} dx \\ &= \int_0^1 2x^2 + \frac{1}{3} - \frac{7x^3}{3}\, dx \\ &= \left[\frac{2x^3}{3} + \frac{x}{3} - \frac{7x^3}{12} \right]_0^1 \\ &= \frac{5}{12} \end{aligned}$$

und ihr Schwerpunkt liegt an der Stelle $(\bar{x}, \bar{y})$ mit

$$\bar{x} = \int_0^1 \int_0^{1-x} x \cdot \mu(x,y)\, dy\, dx$$

$$
\begin{aligned}
&= \int_0^1 2x^3 + \frac{x}{3} - \frac{7x^4}{3}\,dx \\
&= \left[\frac{x^4}{2} + \frac{x^2}{6} - \frac{7x^5}{15}\right]_0^1 \\
&= \frac{1}{5}
\end{aligned}
$$

sowie

$$
\begin{aligned}
\bar{y} &= \int_0^1 \int_0^{1-x} y \cdot \mu(x,y)\,dy\,dx \\
&= \int_0^1 \left[x^2y^2 + \frac{y^4}{4}\right]_0^{1-x} dx \\
&= \int_0^1 x^2 + \frac{1}{4} - \frac{5x^4}{4}\,dx \\
&= \left[\frac{x^3}{3} + \frac{x}{4} - \frac{x^5}{4}\right]_0^1 \\
&= \frac{1}{3}
\end{aligned}
$$

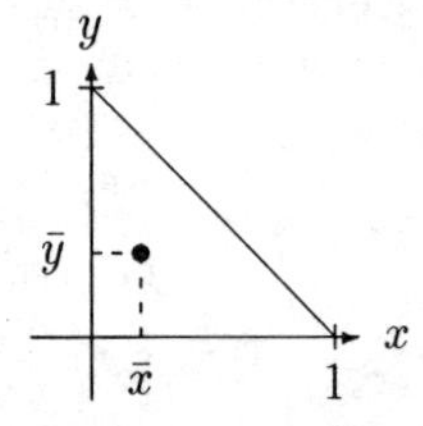

Ladung einer Platte

Eine Platte mit der in der X-Y-Ebene gelegenen Oberfläche K habe die Ladungsdichte $q(x,y)$. Dann berechnet sich die Gesamtladung Q der Platte zu

$$Q = \int_K\int q(x,y)\,dK$$

7.3.3 Dreifachintegrale

Sei V ein dreidimensionales Volumen und die Funktion

$$
\begin{aligned}
f : V &\longrightarrow \mathbb{R} \\
(x,y,z) &\longmapsto f(x,y,z)
\end{aligned}
$$

ordne jedem Punkt von V die Verteilungsdichte einer bestimmten Größe (z.B. Masse oder Ladung) zu. Wir versuchen, den Gesamtwert dieser Größe für V auf folgendem Wege zu bestimmen:

Sei K die Projektion (der „Schatten") von V auf die X-Y-Ebene. Für jeden Punkt $(\bar{x}, \bar{y}) \in K$ sei $\bar{Z} := \{(x, y, z) \mid x = \bar{x},\ y = \bar{y},\ (x, y, z) \in V\}$. Wir bilden das Integral $\zeta(x, y) = \int_{\bar{Z}} f(x, y, z)\, dz$ und sehen $\zeta(\bar{x}, \bar{y})$ als Gesamtwert der Dichte über dem Punkt $(\bar{x}, \bar{y})$ an. Die gesuchte Größe berechnen wir dann durch die Doppelintegration $\int_K \int \zeta(x, y)\, dK$.

In der folgenden Skizze ist $(\bar{x}, \bar{y})$ der unterste Punkt der senkrechten Linie, und $\bar{Z}$ ist der Teil der senkrechten Linie, der innerhalb des Körpers verläuft.

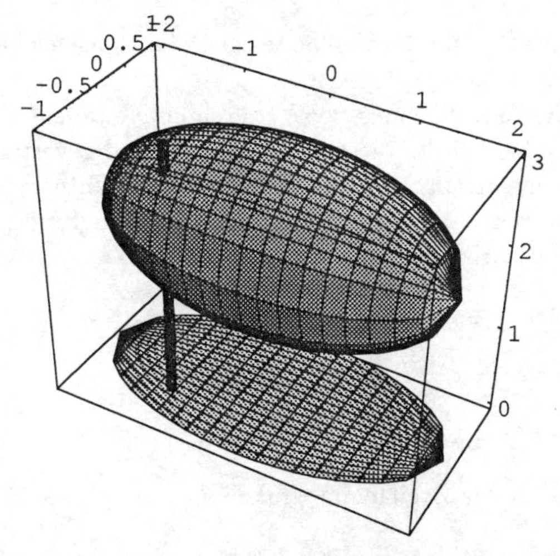

Wir können natürlich nur dann erwarten, daß dieses Vorgehen zu einem Ergebnis führt, wenn die Gestalt von V „einigermaßen brav" ist. Dies ist insbesondere dann gesichert, wenn sich V beschreiben läßt durch

- zwei Geraden $x \equiv x_{min}$ und $x \equiv x_{max}$,
- zwei Kurven $y = g_u(x)$ und $y = g_o(x)$ sowie
- zwei Flächen $z = h_u(x, y)$ und $z = h_o(x, y)$.

Definition 7.3.1 *Unter diesen Voraussetzungen heißt*

$$\int\int_V\int f(x, y, z)\, dV := \int_{x_{min}}^{x_{max}} \left(\int_{g_u(x)}^{g_o(x)} \left(\int_{h_u(x,y)}^{h_o(x,y)} f(x, y, z)\, dz \right) dy \right) dx$$

das Dreifachintegral (oder: Volumenintegral) von f über V.

Beispiel 7.3.4: Das Volumen in der vorstehenden Skizze könnte man etwa beschreiben durch[2]

- $x_{min} = -2$, $x_{max} = 2$,
- $g_u(x) =$ vorderer Rand des „Schattens“,
  $g_o(x) =$ hinterer Rand des „Schattens“,
- $h_u(x) =$ Unterseite des Volumens,
  $h_o(x) =$ Oberseite des Volumens.

Analog zu den Doppelintegralen gelten für Dreifachintegrale folgende **Hinweise:**

1) Die Klammern auf der rechten Seite der Definitionsgleichung in Definition 7.3.1 werden üblicherweise weggelassen.

2) Wenn es eine Beschreibung von V durch ein Geraden-, ein Flächen- und ein Kurvenpaar gibt, bei der die Rollen von x, y und z vertauscht sind, kann bei entsprechender Vertauschung der Reihenfolge der Integrationen auch diese Beschreibung der Berechnung des Dreifachintegrals zugrunde gelegt werden.

Wird V z.B. beschrieben durch

- zwei Geraden $z \equiv z_{min}$ und $z \equiv z_{max}$,
- zwei Kurven $x = g_u(z)$ und $x = g_o(z)$ sowie
- zwei Flächen $y = h_u(z,x)$ und $y = h_o(z,x)$,

dann berechnet sich das Dreifachintegral zu

$$\int\int_V\int f(x,y,z)\,dV := \int_{z_{min}}^{z_{max}} \int_{g_u(z)}^{g_o(z)} \int_{h_u(z,x)}^{h_o(z,x)} f(x,y,z)\,dy\,dx\,dz$$

Speziell gilt:

3) Wenn V ein achsenparalleler Quader mit den Begrenzungen $x \equiv x_{min}$, $x \equiv x_{max}$, $y \equiv y_{min}$, $y \equiv y_{max}$, $z \equiv z_{min}$ und $z \equiv z_{max}$ ist, dann ist die Reihenfolge der Integrationen beliebig:

$$\begin{aligned}\int\int_V\int f(x,y,z)\,dV &= \int_{x_{min}}^{x_{max}} \int_{y_{min}}^{y_{max}} \int_{z_{min}}^{z_{max}} f(x,y,z)\,dz\,dy\,dx \\ &= \int_{y_{min}}^{y_{max}} \int_{z_{min}}^{z_{max}} \int_{x_{min}}^{x_{max}} f(x,y,z)\,dx\,dz\,dy \\ &= \text{usw.}\end{aligned}$$

[2]Denken Sie sich eine weitere Beschreibung des Volumens aus, bei der die Rollen von x und y vertauscht sind.

4) Mit der Funktion $f(x,y,z) \equiv 1$ ist der Zahlenwert des Dreifachintegrals gleich dem Rauminhalt von V.

5) Für die Verwendung anderer Koordinatensysteme gilt:

Satz 7.3.2 *Der Körper V habe einen stückweise glatten Rand (d.h. er besitze nur endliche viele „Ecken" und „Kanten"). Die Umrechnung von ξ-η-θ-Koordinaten in die kartesischen Koordinaten x, y und z erfolge umkehrbar eindeutig durch die stetigen Funktionen*

$$\begin{aligned} x &= a(\xi,\eta,\theta) \\ y &= b(\xi,\eta,\theta) \\ z &= c(\xi,\eta,\theta) \end{aligned}$$

Wenn für die ebenfalls stetigen partiellen Ableitungen von a, b und c

$$D := \det \begin{pmatrix} a_\xi & b_\xi & c_\xi \\ a_\eta & b_\eta & c_\eta \\ a_\theta & b_\theta & c_\theta \end{pmatrix} \neq 0$$

ist, dann gilt für auf V stetige Funktionen $f(x,y,z)$

$$\int\int_V\int f(x,y)\,dz\,dy\,dx = \int\int_V\int f(a(\xi,\eta,\theta), b(\xi,\eta,\theta), c(\xi,\eta,\theta)) \cdot |D|\,d\xi\,d\eta\,d\theta$$

(Bei dem Dreifachintegral links von Gleichheitszeichen sind die Integrationsgrenzen in kartesischen Koordinaten anzugeben, rechts entsprechend in ξ-η-θ-Koordinaten.)

Dreifachintegration in Zylinderkoordinaten

Für Zylinderkoordinaten (r,φ,z) hat die in Satz 7.3.2 vorkommende Determinante den Wert $D = r$.

Beispiel 7.3.5: Aus einer Kugel mit Radius 1 werde durch Schnitte parallel zum Äquator durch die „nördlichen" Breitenkreise bei $\psi = \frac{\pi}{6}$ und $\psi = \frac{\pi}{3}$ eine Scheibe S herausgeschnitten. Wie groß ist der Rauminhalt R von S?

S läßt sich in Zylinderkoordinaten beschreiben durch

$$\sin\frac{\pi}{6} \leq z \leq \sin\frac{\pi}{3}, \quad 0 \leq \varphi < 2\pi, \quad 0 \leq r \leq \sqrt{1-z^2}$$

so daß sich für den Rauminhalt der folgende Ausdruck ergibt:

$$R = \int\int_S\int 1\,dz\,dy\,dx$$

$$
\begin{aligned}
&= \int_{1/2}^{\sqrt{3}/2} \int_0^{2\pi} \int_0^{\sqrt{1-z^2}} r\, dr\, d\varphi\, dz \\
&= \int_{1/2}^{\sqrt{3}/2} \int_0^{2\pi} \frac{1-z^2}{2}\, d\varphi\, dz \\
&= \int_{1/2}^{\sqrt{3}/2} \pi \cdot (1-z^2)\, dz \\
&= \left[\pi \cdot \left(z - \frac{z^3}{3}\right)\right]_{1/2}^{\sqrt{3}/2} \\
&= \frac{\pi}{24} \cdot (9 \cdot \sqrt{3} - 11)
\end{aligned}
$$

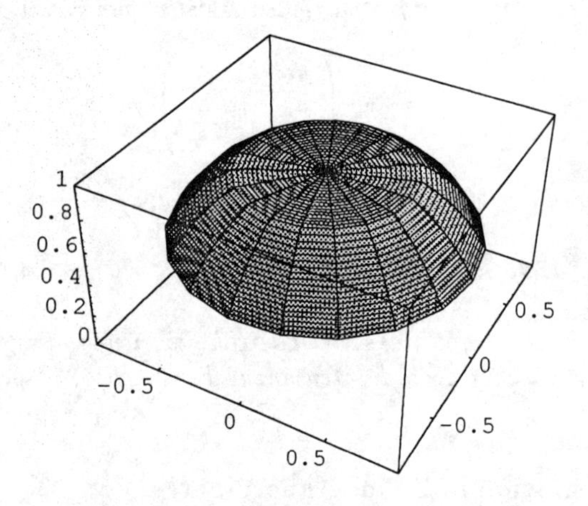

Dreifachintegration in Kugelkoordinaten

Wenn bei den Kugelkoordinaten (r, φ, ψ) der Winkel ψ entsprechend der Geographie von $-\frac{\pi}{2}$ (=Süden) bis $\frac{\pi}{2}$ (=Norden) gemessen wird, hat die in Satz 7.3.2 vorkommende Determinante den Wert $D = -r^2 \cos\psi$. (Wird hingegen der Winkel ψ von 0 (=Norden) bis π (=Süden) gemessen, lautet der Wert der Determinante $D = r^2 \sin\psi$.)

Beispiel 7.3.6: Ein senkrechter Kreiskegel habe die Höhe h und den Grundflächenradius ρ. Wie groß ist sein Rauminhalt R im Fall $h = \rho$?

Wir positionieren den Kegel so, daß seine Spitze auf dem Koordinatenursprung zu liegen kommt und seine Höhe auf der r-φ-Ebene senkrecht steht.

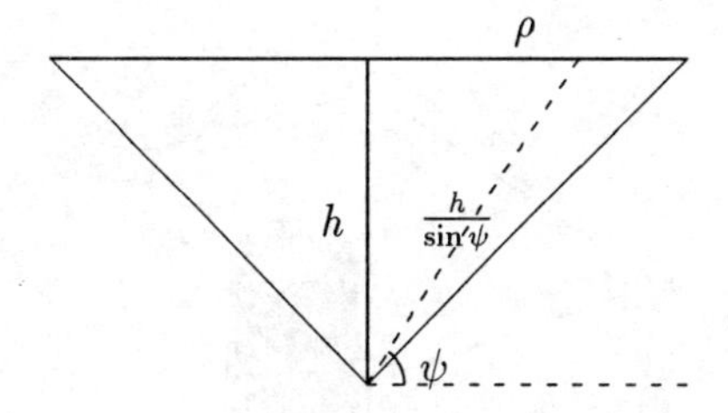

In Kugelkoordinaten kann er dann beschrieben werden durch

$$\frac{\pi}{4} \leq \psi \leq \frac{\pi}{2}, \quad 0 \leq \varphi < 2\pi, \quad 0 \leq r \leq \frac{h}{\sin\psi}$$

Damit ergibt sich R zu

$$\begin{aligned}
R &= \int_{\pi/4}^{\pi/2} \int_0^{2\pi} \int_0^{h/\sin\psi} |-r^2\cos\psi| \, dr \, d\varphi \, d\psi \\
&= \int_{\pi/4}^{\pi/2} \int_0^{2\pi} \frac{h^3\cos\psi}{3\sin^3\psi} \, d\varphi \, d\psi \\
&= \int_{\pi/4}^{\pi/2} \frac{2\pi h^3\cos\psi}{3\sin^3\psi} \, d\psi \\
&= \frac{2\pi h^3}{3} \cdot \left[\frac{-1}{2\sin^2\psi}\right]_{\pi/4}^{\pi/2} \\
&= \frac{\pi h^3}{3}
\end{aligned}$$

Aufgaben:

1) Welches Volumen schließt die Funktion $f(x, y) = 1 + \sin x \cdot \cos y$ im Bereich $K := \{(x, y) \,|\, |x + y| \leq \pi\}$ mit der X-Y-Ebene ein? Stellen Sie für beide möglichen Integrationsreihenfolgen das Doppelintegral auf und vergewissern Sie sich, daß beide Ausdrücke dasselbe Ergebnis liefern.

2) Welches Volumen schließt die Funktion $f(x, y) = \dfrac{1}{x^2 + y^2}$ über dem Bereich K mit der X-Y-Ebene ein, wenn K der Kreisring um den Ursprung mit dem inneren Radius α und dem äußeren Radius β ist? (Die Abbildung zeigt den

Fall $\alpha = \frac{1}{2}$, $\beta = 2$.)

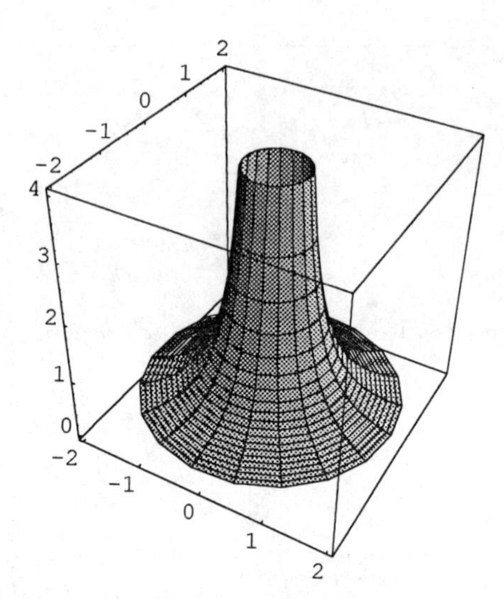

3) Eine quadratische Platte mit der Oberfläche $K := \{(x,y)\,|\,0 \leq x,y \leq 1\}$ habe die Ladungsdichte $q(x,y) = x + y$.

a) Wie groß ist die Gesamtladung der Platte?

b) Welcher Anteil der Ladung liegt unterhalb der Kurve $x \cdot y = \frac{1}{4}$?

4) Ein senkrechter Kreiskegel habe die Höhe h und den Grundflächenradius ρ. Wie groß ist sein Volumen?

7.4 Integralsätze in der Ebene

In diesem Abschnitt wollen wir eine Beziehung zwischen dem Integral über die Randkurve einer hinreichend vernünftigen Menge und dem Bereichsintegral über diese Menge herstellen.

Definition 7.4.1 *Seien g_1 und g_2 auf dem Intervall $[\alpha, \beta]$ stetige Funktionen, die aus endlich vielen streng monotonen und höchstens endlich vielen konstanten Stücken bestehen. Ferner gelte $g_1(x) < g_2(x)$ für alle $x \epsilon (\alpha, \beta)$. Dann nennen wir die Menge der Punkte, die zwischen g_1 und g_2 liegen, d.h.*

$$M := \{(x,y)|g_1(x) \leq y \leq g_2(x), \alpha \leq x \leq \beta\}$$

einen x-Normalbereich.

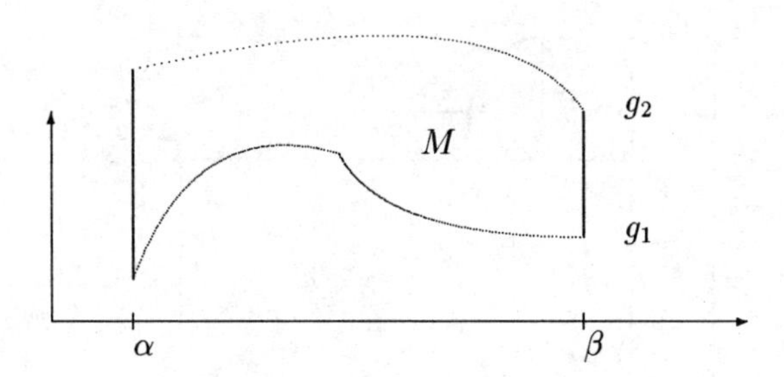

Ganz entspechend nennen wir

$$N := \{(x,y)|h_1(y) \leq x \leq h_2(y), \kappa \leq y \leq \rho\}$$

einen y-Normalbereich, sofern h_1 und h_2 analoge Eigenschaften zu g_1 und g_2 aufweisen.

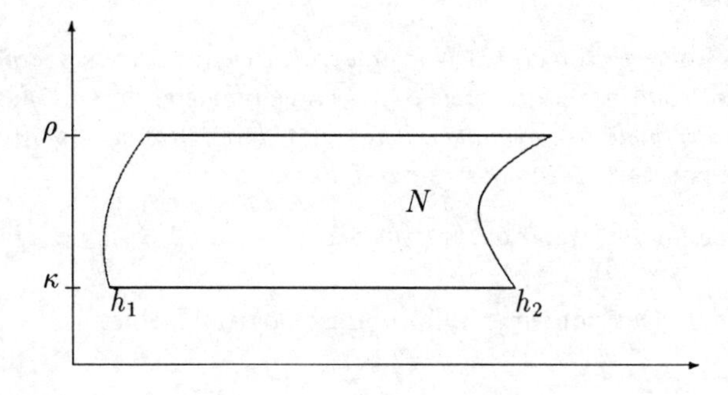

Man macht sich leicht anschaulich klar, daß sich jeder x-Normalbereich in endlich viele y-Normalbereiche zerlegen läßt und umgekehrt (s. Bild).

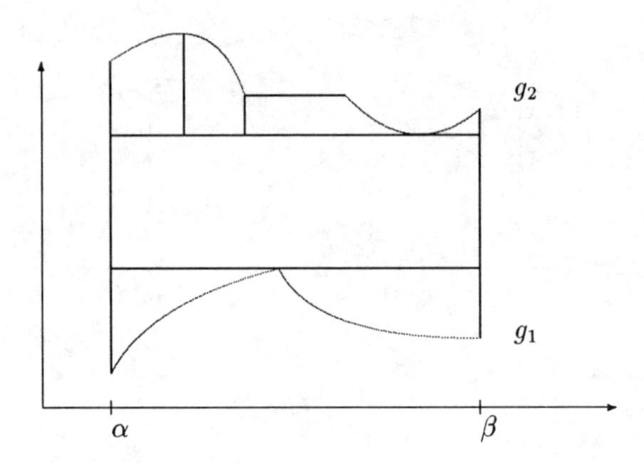

Ein allgemeines Verfahren hierfür läßt sich folgendermaßen skizzieren: sei Z_1 eine Zerlegung des Intervalls $[\alpha, \beta]$ mit der Eigenschaft, daß g_1 auf jedem Teilintervall entweder konstant oder streng monoton ist, und sei Z_2 eine Zerlegung mit entsprechenden Eigenschaften in bezug auf g_2. Sei nun $Z : x_0, x_1, \ldots, x_n$ die gemeinsame Verfeinerung von Z_1 und Z_2, dann ist g_1 auf jedem Teilintervall $[x_i, x_{i+1}]$ entweder konstant oder streng monoton. Entsprechendes gilt für g_2. Durch Betrachtung der verschiedenen Fälle erkennt man leicht, daß

$$\{(x,y)|\ g_1(x) \le y \le g_2(x),\ x_i \le x \le x_{i+1}\}$$

als y-Normalbereich geschrieben werden kann.

Definition 7.4.2 *Unter einem Normalbereich wollen wir nun eine Menge K verstehen, die sich in endlich viele x-Normalbereiche zerlegen läßt (und damit auch in endlich viele y-Normalbereiche) und deren Rand man als stückweise stetig differenzierbare Jordankurve darstellen kann.*

Die Forderung an den Rand bewirkt insbesondere, daß K keine 'Löcher' haben kann.

Beispiel 7.4.1: Das von einer Ellipse umschlossene Gebiet

$$K := \{(x,y)|\ \frac{x^2}{a^2} + \frac{y^2}{b^2} \le 1\}$$

ist ein x-Normalbereich, denn für $(x,y)\epsilon K$ gilt:

$$-b \cdot \sqrt{1 - \frac{x^2}{a^2}} \le y \le b \cdot \sqrt{1 - \frac{x^2}{a^2}}$$

sofern $-a \leq x \leq a$. Der Rand von K besitzt eine Parameterdarstellung als stetig differenzierbare Jordankurve $\gamma : (a\cos t, b\sin t), t\epsilon[0, 2\pi]$. Damit ist K ein Normalbereich.

Satz 7.4.1 (Stokes) *Sei K ein Normalbereich und $(a(x,y), b(x,y))$ ein dort definiertes Vektorfeld mit stetigen partiellen Ableitungen, dann gilt*

$$\int_K (\frac{\partial}{\partial x} b(x,y) - \frac{\partial}{\partial y} a(x,y))\, d(x,y) = \int_\gamma a(x,y)\, dx + b(x,y)\, dy$$

wenn γ die im Gegenuhrzeigersinn durchlaufene Randkurve von K bezeichnet.

Beweis:
Sei nun M einer der x-Normalbereiche, in die sich K zerlegen läßt und g_1 und g_2 die M einschließenden Funktionen, dann gilt:

$$\begin{aligned} -\int_M \frac{\partial}{\partial y} a(x,y)\, d(x,y) &= -\int_\alpha^\beta \int_{g_1(x)}^{g_2(x)} \frac{\partial}{\partial y} a(x,y)\, dy\, dx \\ &= -\int_\alpha^\beta (a(x, g_2(x)) - a(x, g_1(x)))\, dx \\ &= \int_\alpha^\beta a(x, g_1(x))\, dx - \int_\alpha^\beta a(x, g_2(x))\, dx \end{aligned}$$

Bezeichnen wir nun die durch $(x, g_1(x)), x\epsilon[\alpha, \beta]$ beschriebene Kurve mit γ_1 und entsprechend die durch $(x, g_2(x))$ mit $x\epsilon[\alpha, \beta]$ beschriebene Kurve mit γ_2, so erhalten wir nach Gleichung (7.3) u. (7.7)

$$\int_\alpha^\beta a(x, g_1(x))\, dx = \int_{\gamma_1} a(x,y) dx$$

und

$$-\int_\alpha^\beta a(x, g_2(x))\, dx = \int_{-\gamma_2} a(x,y) dx$$

Wir wollen nun die den Bereich M im Gegenuhrzeigersinn umlaufende Kurve mit γ_M bezeichnen. Diese setzt sich zusammen aus den Teilkurven γ_1 und $-\gamma_2$ und den beiden M links und rechts begrenzenden vertikalen Strecken mit den Darstellungen $\gamma_3 : (\beta, y), y\epsilon[g_1(\beta), g_2(\beta)]$ und $\gamma_4 : (\alpha, -y), y\epsilon[-g_2(\alpha), -g_1(\alpha)]$. Nach Gleichung 7.5 gilt für die Kurvenintegrale

$$\int_{\gamma_3} a(x,y)\, dx = \int_{\gamma_4} a(x,y)\, dx = 0$$

Insgesamt erhalten wir damit für den Bereich M:

$$-\int_M \frac{\partial}{\partial y} a(x,y)\, d(x,y) = \int_{\gamma_M} a(x,y) dx$$

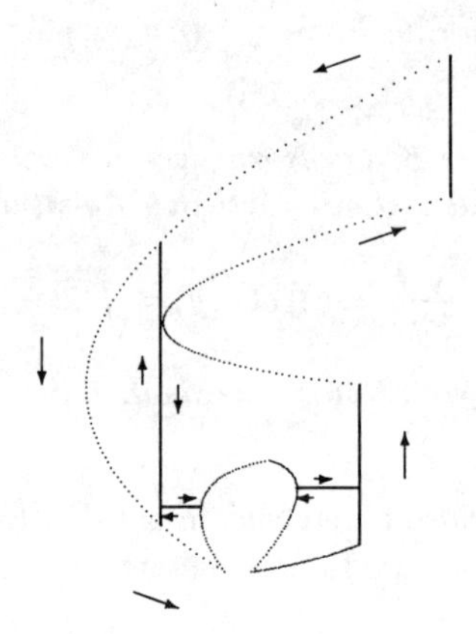

Wir stellen uns nun den Normalbereich K gemäß obigem Bild in endlich viele x-Normalbereiche $M_i,\ i = 1, ..., m$ zerlegt vor. Dann erhalten wir:

$$\begin{aligned} - \int_K \frac{\partial}{\partial y} a(x,y)\, d(x,y) &= - \sum_{i=1}^m \int_{M_i} \frac{\partial}{\partial y} a(x,y) d(x,y) \\ = \sum_{i=1}^m \int_{\gamma_{M_i}} a(x,y)\, dx &= \int_\gamma a(x,y) dx \end{aligned}$$

Liegt nämlich ein Teil des Randes eines x-Normalbereiches M_i im Inneren von K, so hebt sich das Integral über die entsprechende Teilkurve gegen Integrale über im Gegensinn durchlaufene Teilkurven von Nachbarbereichen nach Gleichung 7.5 wieder fort.
Die Behandlung des Terms

$$\int_N \frac{\partial}{\partial x} b(x,y) d(x,y)$$

erfolgt nun im wesentlichen auf dieselbe Art und Weise wie oben. Wir wollen die Rechnung trotzdem einigermaßen ausführlich durchführen, da sonst unklar bleiben könnte, wie das unterschiedliche Vorzeichen entsteht.

Sei nun N ein y-Normalbereich aus einer entsprechenden Zerlegung von K und seien h_1 und h_2 die N einschließenden Funktionen (s. obiges Bild eines y-Normalbereichs), dann gilt:

$$\begin{aligned} \int_N \frac{\partial}{\partial x} b(x,y)\, d(x,y) &= \int_\kappa^\rho \int_{h_1(y)}^{h_2(y)} \frac{\partial}{\partial x} b(x,y)\, dx dy \\ = \int_\kappa^\rho (b(h_2(y),y) - b(h_1(y),y))\, dy &= \int_\kappa^\rho b(h_2(y),y)\, dy - \int_\kappa^\rho b(h_1(y),y)\, dy \end{aligned}$$

Bezeichnen wir nun die durch $(h_1(y), y), y\epsilon[\kappa, \rho]$ beschriebene Kurve mit ξ_1 und entsprechend die durch $(h_2(y), y), y\epsilon[\kappa, \rho]$ beschriebene Kurve mit ξ_2, so erhalten wir nach 7.4 ähnlich wie oben

$$\int_N \frac{\partial}{\partial x} b(x,y)\, d(x,y) = \int_{\xi_2} b(x,y)\, dy + \int_{-\xi_1} b(x,y)\, dy = \int_{\xi_N} b(x,y) dy$$

wenn wir die den Bereich N im Gegenuhrzeigersinn umlaufende Kurve mit ξ_N bezeichnen. Diese setzt sich hier zusammen aus den Teilkurven $-\xi_1$ und ξ_2 und den beiden N oben und unten begrenzenden horizontalen Strecken mit den Bezeichnungen ξ_3 und ξ_4 für deren Kurvenintegrale entsprechend

$$\int_{\xi_3} b(x,y)\, dy = \int_{\xi_4} b(x,y)\, dy = 0$$

gilt. Indem man nun K in endlich viele y-Normalbereiche zerlegt, erhält man ähnlich wie oben

$$\int_K \frac{\partial}{\partial x} b(x,y)\, d(x,y) = \int_\gamma b(x,y) dy$$

□

Beispiel 7.4.2: Den Flächeninhalt $\mu(K)$ einer meßbaren Menge K erhält man durch

$$\mu(K) = \int_K 1 \; d(x,y)$$

Wählen wir nun $b(x,y) = x$ und $a(x,y) = 0$ so ist offenbar $\frac{\partial}{\partial x} b(x,y) - \frac{\partial}{\partial y} a(x,y) = 1$ und der Stokessche Integralsatz liefert

$$\int_K d(x,y) = \int_\gamma x dy$$

wenn γ die im Gegenuhrzeigersinn durchlaufene Randkurve von K bezeichnet. Sei nun $K = \{(x,y) | \frac{x^2}{a^2} + \frac{y^2}{b^2} \leq 1\}$ dann liefert $(a\cos t, b\sin t)$, $t\epsilon[0, 2\pi]$ eine Parameterdarstellung für γ und wir erhalten

$$\begin{aligned} \mu(K) &= \int_\gamma x\, dy = \int_0^{2\pi} a\cos t\, (b\sin t)'\, dt \\ &= ab \int_0^{2\pi} \cos^2 t\, dt = ab[\frac{1}{2}(\cos t \sin t + t)]_0^{2\pi} = \pi ab \end{aligned}$$

Beispiel 7.4.3: Die Koordinaten (x_0, y_0) des Flächenschwerpunkts einer Fläche K erhält man durch

$$x_0 = \frac{1}{\mu(K)} \int_K x d(x,y)$$

$$y_0 = \frac{1}{\mu(K)} \int_K y d(x,y)$$

Wählt man nun zur Berechnung des Integrals $\int_K x d(x,y)$ als Vektorfeld $b(x,y) = \frac{1}{2}x^2$ und $a(x,y) = 0$ so ergibt sich $\frac{\partial}{\partial x}b(x,y) - \frac{\partial}{\partial y}a(x,y) = x$ und mit Hilfe des Stokesschen Integralsatzes:

$$\int_K x\, d(x,y) = \frac{1}{2}\int_\gamma x^2 dy$$

Ist nun K ein Abschnitt der Einheitshyperbel, d.h.

$$K = \{(x,y) |\, x^2 - y^2 \leq 1, 1 \leq x \leq \beta\}$$

mit $\beta = \cosh 1 = \frac{e+e^{-1}}{2}$. Die Kurve γ setzt sich aus zwei Teilen zusammen: einem Hyperbelaststück γ_1 mit der Parametrisierung $(\cosh t, -\sinh t), t\epsilon[-1,1]$ und aus einer zur y-Achse parallelen Strecke γ_2 mit der Parametrisierung $(\beta, y), y\epsilon[-\alpha, \alpha]$ mit $\alpha = \sinh 1 = \frac{e-e^{-1}}{2}$. Man erhält

$$\frac{1}{2}\int_\gamma x^2\, dy = \frac{1}{2}(\int_{-1}^{1} \cosh^2 t(-\sinh t)' dt + \int_{-\alpha}^{\alpha} \beta^2 dy) = -\frac{1}{2}\int_{-1}^{1} \cosh^3 t\, dt + \beta^2\alpha$$

Das Integral läßt sich elementar berechnen, wenn man die Ersetzung $\cosh t = \frac{e^t+e^{-t}}{2}$ vornimmt.

Wir wollen nun eine in der Physik gebräuchliche Formulierung des obigen Integralsatzes herleiten. Hierzu setzen wir: $p(x,y) := b(x,y)$ und $q(x,y) := -a(x,y)$. Dann erhalten wir mit Hilfe des Stokesschen Integralsatzes:

$$\begin{aligned}
\int_K (\frac{\partial}{\partial x}p(x,y) + \frac{\partial}{\partial y}q(x,y))\, d(x,y) &= \int_\gamma -q(x,y)\, dx + p(x,y)\, dy \\
&= \int_\alpha^\beta (-qx'(t) + py'(t))dt \\
&= \int_\alpha^\beta < (p,q), (y'(t), -x'(t)) > dt \\
&= \int_\alpha^\beta \vec{A} \cdot \vec{n}(t) dt
\end{aligned}$$

mit $\vec{A} = (p,q)$ und $\vec{n}(t) = (y'(t), -x'(t))$, wobei $\vec{n}(t)$ der äußere Normalenvektor ist, d.h. er steht senkrecht auf dem Tangentenvektor wegen $< \vec{\tau}(t), \vec{n}(t) > = < (x'(t), y'(t)), (y'(t), -x'(t)) > = 0$ und zeigt von dem Bereich K fort.

Den Ausdruck

$$\frac{\partial}{\partial x}p(x,y) + \frac{\partial}{\partial y}q(x,y)$$

bezeichnet man als die Divergenz des Vektorfeldes A, symbolisch divA. Wir erhalten damit eine Formulierung des Gaußschen Integralsatzes.

Satz 7.4.2 (Gauß) *Sei K ein Normalbereich dann gilt*

$$\int_K \mathrm{divA}\, \mathrm{d(x,y)} = \int_\alpha^\beta \vec{\mathrm{A}} \cdot \vec{\mathrm{n}}\, \mathrm{dt}$$

wobei im rechten Integral eine Parametrisierung der im Gegenuhrzeigersinn durchlaufenen Randkurve von K verwendet wird und $\vec{n}$ den äußeren Normalenvektor der Randkurve für den Parameterwert t bezeichnet.

Aufgaben

1. Berechnen Sie das Kurvenintegral $\int_\gamma y\,dx + xdy$ wobei die Kurve γ gegeben ist durch die Parameterdarstellung $(a\cos t, b\sin t), t\epsilon[0, 2\pi]$.

2. Berechnen Sie folgende Bereichsintegrale für $K = \{(x,y)|x^2 + y^2 \leq r^2\}$

   (a) $\int_K xyd(x,y)$

   (b) $\int_K \sqrt{r^2 - x^2 - y^2} d(x,y)$

3. Berechnen Sie die y-Koordinate des Flächenschwerpunkts der zwischen Zykloide und x-Achse eingeschlossenen Flächenstücks K, symbolisch

$$y_0 = \frac{1}{\mu(K)} \int_K yd(x,y)$$

   wobei der Flächeninhalt $\mu(K) = 3\pi r^2$ ist. Die Zykloide ist durch die Parameterdarstellung $(r(t - \sin t), r(1 - \cos t)), t\epsilon[0, 2\pi]$ gegeben.(Hinweis: Stokesscher Integralsatz, Vorsicht bei Durchlaufungsrichtung der Zykloide).

4. Berechnen Sie die Trägheitsmomente der Fläche K:

$$I_x = \int_K y^2 d(x,y) \quad \text{und} \quad I_y = \int_K x^2 d(x,y)$$

   für den Viertelkreis $K = \{(x,y)|x^2 + y^2 \leq 1, x \geq 0, y \geq 0\}$ mit Hilfe geeigeter Kurvenintegrale. Zum Vergleich berechnen Sie die Bereichsintegrale direkt.

Kapitel 8

Gewöhnliche Differentialgleichungen

8.1 Einführung

Eine Gleichung, in der eine Ableitung der gesuchten Funktion vorkommt, heißt eine Differentialgleichung. Differentialgleichungen treten beispielsweise dann auf, wenn bei der Beschreibung eines physikalischen Vorgangs bestimmte dabei auftretende Einflußgrößen auf eine Ableitung der Funktion wirken, die den Vorgang beschreibt.

Beispiel 8.1.1: Eine Masse ist an einer Feder aufgehängt. Wenn wir die Masse nach oben oder nach unten aus der Ruhelage auslenken und dann loslassen, wird sie in der Senkrechten eine schwingende Bewegung um die Ruhelage ausführen. Gesucht ist eine Funktion $y(t)$, die für jeden Zeitpunkt t die Höhe der Masse relativ zur Ruhelage (die als Nullpunkt von y gewählt wird) angibt. In der folgenden Zeichnung bezeichne y_0 die Auslenkung der Masse zu Beginn des Schwingungsvorgangs.

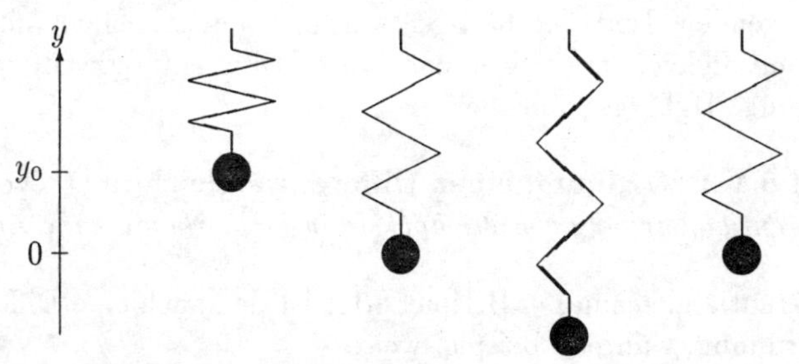

In der Ruhelage heben sich die Rückstellkraft der Feder und das Gewicht der Masse gerade auf. Bei jeder Auslenkung der Masse wirkt auf sie eine Kraft, die vom Betrag proportional zur Auslenkung aber dieser entgegengesetzt (also zur Ruhelage hin) gerichtet ist. Diese Kraft ist proportional zur Beschleunigung der Masse, mithin zur zweiten Ableitung $\ddot{y}(t)$ der Auslenkung. Die Bewegung der Masse wird folglich beschrieben durch die Gleichung

$$\ddot{y}(t) = -\omega^2 y(t)$$

wobei ω ein reeller Proportionalitätsfaktor ist und die Schreibweise $-\omega^2$ ausdrücken soll, daß der Faktor von $y(t)$ stets negativ ist.

Beispiel 8.1.2: Ein dünner aus homogenem Material bestehender parallel zur X-Achse gelegener Stab wird an einer Stelle erhitzt (bei gleichbleibender Umgebungstemperatur). Die Funktion $z(t,x)$ soll zu jedem Zeitpunkt t und an jeder Stelle[1] x die entsprechende Temperatur angeben. Verschiedene physikalische Überlegungen liefern für z die Beziehung:

$$\frac{\partial^2 z}{\partial x^2} = \frac{1}{c^2} \cdot \frac{\partial z}{\partial t}$$

mit einer Proportionalitätskonstanten c.

Definition 8.1.1 (Gewöhnliche, bzw. partielle Differentialgleichung) *Enthält eine Differentialgleichung nur Ableitungen einer Funktion einer Veränderlichen, heißt sie eine* gewöhnliche Differentialgleichung. *Wenn sie hingegen partielle Ableitungen einer Funktion mehrerer Veränderlicher enthält, heißt sie eine* partielle Differentialgleichung.

Im vorliegenden Text beschäftigen wir uns ausschließlich mit gewöhnlichen Differentialgleichungen. Für das Wort „Differentialgleichung" ist auch die Abkürzung „Dgl." gebräuchlich.

Definition 8.1.2 (Ordnung einer Differentialgleichung) *Die Ordnung einer Differentialgleichung gibt die höchste in ihr vorkommende Ableitung an.*

Die Differentialgleichung in Beispiel 8.1.1 ist demnach eine Differentialgleichung 2. Ordnung, während beispielsweise

$$y'''(x) \cdot y(x) = x \cdot y'(x)$$

eine Differentialgleichung 3. Ordnung ist.

[1] Der Stab soll so dünn sein, daß wir jede Querschnittsfläche senkrecht zur X-Achse als Punkt ansehen dürfen.

Definition 8.1.3 (Explizite, bzw. implizite Differentialgleichung) *Ist eine Differentialgleichung nach der höchsten auftretenden Ableitung der gesuchten Funktion aufgelöst, heißt die Differentialgleichung* explizit, *sonst heißt sie* implizit.

Ein Beispiel für eine implizite Differentialgleichung ist

$$y'^2(x) + y^2(x) = x^2$$

Explizite gewöhnliche Differentialgleichungen 1., bzw. 2. Ordnung haben die Gestalt

$$\begin{aligned} y' &= f(x,y), \text{ bzw.} \\ y'' &= f(x,y,y') \end{aligned}$$

Die höchste Ableitung der Funktion $y(x)$ ist also eine Funktion von der unabhängigen Variablen x, der Funktion y und aller niedrigeren Ableitungen von y.

Anfangswertaufgaben und Randwertaufgaben

Im allgemeinen ist die Lösung einer Differentialgleichung nicht eindeutig bestimmt. Im Beispiel 8.1.1 erfüllen beispielsweise die Funktionen

$$\begin{aligned} y_1(t) &= \sin(\omega t) \\ y_2(t) &= \cos(\omega t) \end{aligned}$$

die vorgelegte Differentialgleichung.[2]

Im allgemeinen enthält die Lösungsmenge einer gewöhnlichen Differentialgleichung n-ter Ordnung n freie Parameter, die durch zusätzliche Bedingungen festgelegt werden. Wenn sich alle Bedingungen auf ein und denselben Wert der unabhängigen Variablen beziehen, heißen die Bedingungen Anfangsbedingungen, und die Aufgabenstellung heißt eine *Anfangswertaufgabe* (AWA). Andernfalls heißen die Bedingungen Randbedingungen, und die Aufgabenstellung heißt eine *Randwertaufgabe* (RWA).

Typische Formulierungen von Anfangs-, bzw. Randwertaufgaben lauten:
AWA 1. Ordnung:

$$y' = f(x,y), \quad y(x_0) = y_0$$

AWA 2. Ordnung:

$$\begin{aligned} y'' &= f(x,y,y'), \quad & y(x_0) &= y_0 \\ & & y'(x_0) &= y_0' \end{aligned}$$

---

[2]Dies sind keineswegs die einzigen Lösungen – können Sie noch mehr angeben?

RWA 2. Ordnung

$$y'' = f(x, y, y'), \quad y(x_0) = y_0$$
$$y(x_1) = y_1$$

(Warum gibt es keine Randwertaufgaben 1. Ordnung?)

Definition 8.1.4 (Allgemeine, partikuläre und singuläre Lösungen) *Eine Lösung einer Differentialgleichung, die noch die freien Parameter enthält, heißt* allgemeine Lösung *der Differentialgleichung. Durch Berücksichtigung der Anfangs-, bzw. Randbedingungen entsteht daraus eine* spezielle *(oder* partikuläre*) Lösung.*

Wenn eine Funktion eine Differentialgleichung erfüllt, ohne daß sie durch das Einsetzen spezieller Werte in die allgemeine Lösung entsteht, so heißt sie eine singuläre Lösung *der Differentialgleichung.*

Beispiel 8.1.3: Die Differentialgleichung

$$y' = y$$

hat die allgemeine Lösung

$$y(x) = C \cdot \mathrm{e}^x$$

wobei C für eine beliebige reelle Konstante steht. Die Anfangsbedingung $y(0) = 3$ führt dann zur partikulären Lösung

$$y(x) = 3\,\mathrm{e}^x$$

Beispiel 8.1.4: Für jede reelle Zahl c erfüllt die Funktion

$$y(x) = cx - c^2$$

die Differentialgleichung

$$y'^2 - xy' + y = 0$$

Ebenso erfüllt aber auch die Funktion

$$y(x) = \frac{x^2}{4}$$

diese Differentialgleichung. Da es sich bei dieser letzteren Funktion um eine Parabel handelt und die zuerst angegebene Funktionenschar nur Geraden enthält, kann sie nicht durch Einsetzen eines speziellen Wertes für c in die allgemeine Lösung $y(x) = cx - c^2$ entstanden sein. Es handelt sich also um eine singuläre Lösung. Eine spezielle Lösung dieser Differentialgleichung ist dagegen beispielsweise

$$y(x) = x - 1$$

Satz 8.1.1 (Lösbarkeit einer expliziten Anfangswertaufgabe) *Die explizite Anfangswertaufgabe n-ter Ordnung*

$$y^{(n)}(x) = f(x, y, y', \ldots, y^{(n-1)}), \qquad \begin{aligned} y(x_0) &= y_0, \\ y'(x_0) &= y'_0, \\ &\vdots \\ y^{(n-1)}(x_0) &= y_0^{(n-1)} \end{aligned}$$

besitzt eine Lösung zumindest auf einem Intervall $[x_0 - \varepsilon\,, \, x_0 + \varepsilon]$, *falls die rechte Seite* f *als Funktion von* n *Variablen* x, y_1, $\ldots y_n$ *in einer Umgebung des Punktes* $(x_0, y_0, y'_0, ..., y_0^{(n-1)})$ *stetig und beschränkt ist.*

Dieser Satz garantiert allerdings weder, daß diese Lösung explizit mit Hilfe elementarer Funktionen angegeben werden kann, noch, daß diese Lösung eindeutig bestimmt ist. Daß es sich hierbei trotzdem um eine bedeutsame Aussage handelt, sehen wir daran, daß eine entsprechende *Rand*wertaufgabe keineswegs lösbar sein muß, selbst wenn f eine ausgesprochen „brave" Funktion ist:

Beispiel 8.1.5: Wir werden in Abschnitt 8.5 sehen, daß alle Lösungen der in Beispiel 8.1.1 vorgestellten Differentialgleichung

$$y''(x) = -\omega^2 y(x)$$

periodische Funktionen mit Periodenlänge $\frac{2\pi}{\omega}$ sind. Schon durch Angabe der Randbedingungen

$$y(0) = 0, \quad y\left(\frac{2\pi}{\omega}\right) = 1$$

erhalten wir also eine unlösbare Randwertaufgabe.

Zur Illustration der Phänomene, die bei mehrdeutiger Lösbarkeit einer Anfangswertaufgabe auftreten können, dient das folgende, in der Literatur zu diesem Thema häufig zitierte Beispiel.

Beispiel 8.1.6: Vorgelegt sei die Differentialgleichung

$$\left(\frac{y'(x)}{3}\right)^3 = y^2(x)$$

Jede längs der X-Achse verschobene kubische Parabel

$$y(x) = (x - c)^3, \ c \in \mathbb{R}$$

löst diese Differentialgleichung. Ebenso ist

$$y \equiv 0$$

eine (singuläre) Lösung.

Damit haben alle Lösungen der Differentialgleichung die Gestalt

$$y(x) = \begin{cases} (x-c)^3, & \text{für } -\infty < x < c \\ 0, & \text{für } c \leq x \leq d \\ (x-d)^3, & \text{für } d < x < \infty \end{cases}$$

Dabei sind c und d beliebige Konstanten, die die Beziehung $-\infty \leq c \leq d \leq \infty$ erfüllen.

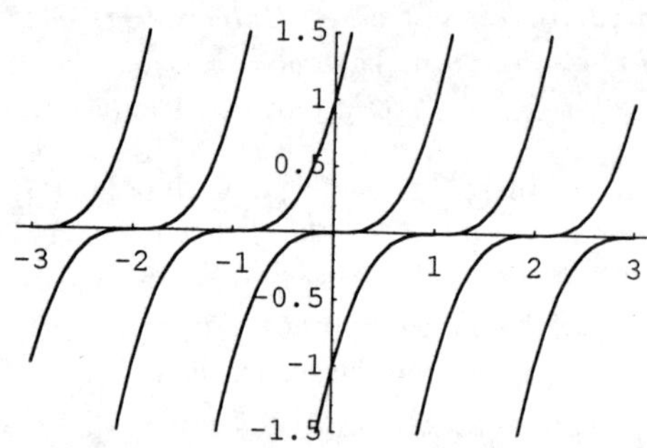

Für einen beliebigen negativen Anfangswert $y(x_0) = y_0 < 0$ ist die zugehörige Lösungskurve damit zunächst eine eindeutig bestimmte kubische Parabel. Sobald die Kurve aber die X-Achse trifft, kann sie eine Zeitlang diese Achse entlanglaufen und dann zu einem beliebigen Zeitpunkt die Achse auf einer kubischen Parabel nach oben wieder verlassen.

Haben wir in diesem Fall wenigstens noch „in der Nähe“ von x_0 eine eindeutig bestimmte Lösung, so sind für $y_0 = 0$ bereits am Startpunkt mehrere Fortsetzungen der Lösungskurve möglich.

Satz 8.1.2 (Eindeutige Lösbarkeit einer expliziten AWA) *Die explizite Anfangswertaufgabe n-ter Ordnung*

$$y^{(n)}(x) = f(x, y, y', \ldots, y^{(n-1)}), \qquad \begin{aligned} y(x_0) &= y_0, \\ y'(x_0) &= y_0', \\ &\vdots \\ y^{(n-1)}(x_0) &= y_0^{(n-1)} \end{aligned}$$

besitzt eine eindeutige Lösung zumindest auf einem Intervall $[x_0 - \varepsilon, x_0 + \varepsilon]$, *falls die rechte Seite* f *als Funktion von* n *Variablen* x, y_1, $\ldots y_n$ *in einer Umgebung des Punktes* $(x_0, y_0, y_0', \ldots, y_0^{(n-1)})$ *stetige und beschränkte partielle Ableitungen* $\dfrac{\partial f}{\partial y_i}$, $i = 1, \ldots, n$ *besitzt.*

In Beispiel 8.1.6 lautet die Funktion f:

$$f(x, y_1) = 3 \cdot \sqrt[3]{y_1^2}$$

Ihre partielle Ableitung nach y_1

$$\frac{\partial f}{\partial y_1} = \frac{2}{\sqrt[3]{y_1}}$$

ist für $y_1 \neq 0$ stetig und für jedes abgeschlossene Intervall, das nicht die Null enthält, beschränkt. Deshalb gibt es für jeden Anfangswert $y(x_0) = y_0 \neq 0$ in einem Intervall $[x_0 - \varepsilon\,,\, x_0 + \varepsilon]$ um x_0 eine eindeutige Lösung, und dieses Intervall läßt sich solange weiter ausdehnen, wie nirgends darin $y(x) = 0$ wird.

Gegenstand des vorliegenden Textes sind in erster Linie Anfangswertaufgaben für explizite gewöhnliche Differentialgleichungen erster oder zweiter Ordnung:

$$\begin{aligned} y' &= f(x, y),\ y(x_0) = y_0, \text{ bzw.} \\ y'' &= f(x, y, y'),\ y(x_0) = y_0,\ y'(x_0) = y'_0 \end{aligned}$$

und selbst hiervon werden wir nur sehr spezielle, aber nicht unwichtige Typen behandeln.

Zuvor wird aber noch ein Hilfsmittel vorgestellt, das es oftmals gestattet, sich erste Informationen über die Lösungen einer vorgelegten Differentialgleichung 1. Ordnung zu verschaffen.

8.2 Das Richtungsfeld einer Differentialgleichung 1. Ordnung

Der Ausdruck $y'(x) = f(x, y)$ kann auch folgendermaßen interpretiert werden:

Seien x_1 und y_1 zwei reelle Zahlen. Wenn die Kurve der gesuchten Funktion durch den Punkt (x_1, y_1) geht, dann hat sie dort die Steigung $f(x_1, y_1)$.

Zur Veranschaulichung dieser Aussage zeichnen wir in dem Punkt (x_1, y_1) eine kurze Linie oder einen Pfeil mit der Steigung $f(x_1, y_1)$ als Symbol für die Tangente an $y(x)$ in diesem Punkt. Wenn wir dies für einige nahe beieinander liegende Punkte der X-Y-Ebene wiederholen, können wir die Kurve einer Lösungsfunktion $y(x)$ dadurch näherungsweise skizzieren, daß wir uns an den eingezeichneten Linien entlanghangeln. (Diese Idee liegt auch dem in Abschnitt 8.7.1 vorgestellten numerischen Näherungsverfahren von Euler zugrunde.) Die Menge der Tripel $(x, y, f(x, y))$, bzw. ihre Veranschaulichung durch kurze Linien in der Ebene wird als *Richtungsfeld* der Differentialgleichung $y'(x) = f(x,y)$ bezeichnet.

Beispiel 8.2.1: Die folgende Abbildung zeigt das Richtungsfeld der Differentialgleichung $y'(x) = -y(x)$ zusammen mit der Kurve der speziellen Lösung $y(x) = \mathrm{e}^{-x}$.

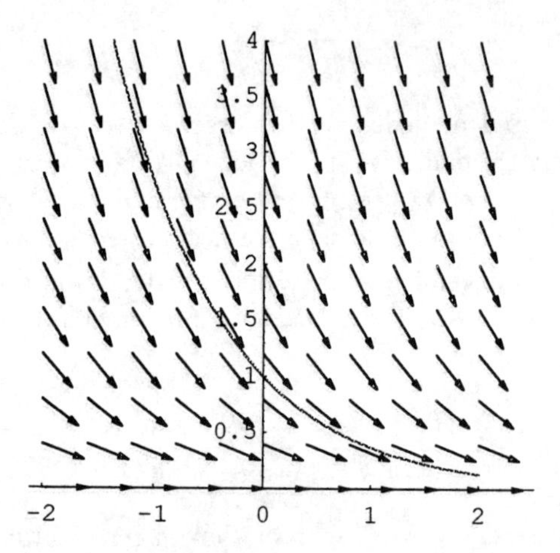

Beispiel 8.2.2: Aus dem Richtungsfeld der Differentialgleichung $y'(x) = 2y(x) - y^2(x)$ kann man schon weitreichende Informationen über die Kurven der verschiedenen Lösungen gewinnen:

- $y \equiv 0$ und $y \equiv 1$ sind zwei konstante Lösungen.

- Die Lösungen von Anfangswertaufgaben $y(x_0) = y_0$ mit $y_0 > 1$ streben monoton fallend gegen 1.

- Die Lösungen von Anfangswertaufgaben $y(x_0) = y_0$ mit $0 < y_0 < 1$ streben monoton steigend gegen 1.

- Die Lösungen von Anfangswertaufgaben $y(x_0) = y_0$ mit $y_0 < 0$ streben monoton fallend gegen $-\infty$.

In das Richtungsfeld wurde noch die Lösung der Anfangswertaufgabe mit $y(-2) = 0.1$ eingezeichnet, um den typischen S-förmigen Verlauf dieser

Lösungskurven zu illustrieren.

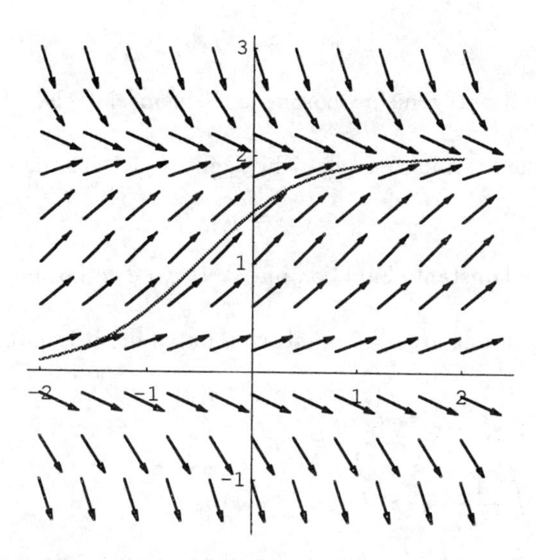

Aufgaben:

1) Zeichnen Sie das Richtungsfeld der folgenden Differentialgleichungen, und skizzieren Sie darin den vermuteten Verlauf einer speziellen Lösung:

a) $y'(x) = 2x$

b) $y'(x) \cdot y(x) + x = 0$

2) In wieweit sind auf die folgenden Differentialgleichungen die Sätze über lösbare, bzw. eindeutig lösbare Anfangswertaufgaben anwendbar?

a) $x \cdot y'(x) = y(x)$

b) $y'(x) = x \cdot \sqrt{y(x)}$

8.3 Differentialgleichungen 1. Ordnung mit trennbaren Variablen

Wenn bei einer expliziten Differentialgleichung 1. Ordnung die rechte Seite als Produkt einer Funktion der unabhängigen Variablen und einer Funktion der abhängigen Variablen geschrieben werden kann, d.h. wenn die Dgl. vom Typ

$$y'(x) = g(x) \cdot h(y)$$

ist, dann kann ihre allgemeine Lösung auf einem einfachen Weg berechnet werden:

– Falls für eine bestimmte reelle Zahl y_0 gilt, $h(y_0) = 0$, dann ist

$$y(x) \equiv y_0$$

(d.h. $y(x)$ ist die konstante Funktion mit Wert y_0) eine Lösung der Differentialgleichung.

– Die Lösungen mit $h(y) \neq 0$ erhält man durch die Rechnung:

$$\begin{aligned}
& & y'(x) &= g(x) \cdot h(y) \\
&\Longleftrightarrow & \frac{y'(x)}{h(y)} &= g(x) \\
&\Longleftrightarrow & \int \frac{1}{h(y)} \cdot y'(x)\, dx &= \textstyle\int g(x)\, dx \\
&\Longleftrightarrow & \int \frac{1}{h(y)}\, dy &= \textstyle\int g(x)\, dx \quad \text{(Substitutionsregel)}
\end{aligned}$$

Aufgrund dieses Lösungsweges heißt eine derartige Differentialgleichung eine Differentialgleichung mit trennbaren Variablen.

Beispiel 8.3.1:

$$\begin{aligned}
& & y'(x) &= \frac{4y(x)}{x} \\
&\Longleftrightarrow & \int \frac{dy}{y} &= 4 \cdot \int \frac{dx}{x} \\
&\Longleftrightarrow & \ln|y| + C &= 4 \cdot \ln|x| \\
&\Longleftrightarrow & \mathrm{e}^{\ln|y|+C} &= \mathrm{e}^{4\cdot\ln|x|} \\
&\Longleftrightarrow & \pm y \cdot \mathrm{e}^{C} &= \pm x^4 \\
&\Longleftrightarrow & y &= K \cdot x^4
\end{aligned}$$

Dabei kann die Integrationskonstante C jede reelle Zahl als Wert annehmen. Da e^C stets eine positive Zahl ist, kann $K := \pm 1/\mathrm{e}^C$ jeden Wert aus $\mathbb{R} \setminus \{0\}$ annehmen. Wie man leicht nachrechnet, liefert aber $K = 0$ auch eine Lösung der Differentialgleichung, so daß also auch K für eine beliebige reelle Zahl stehen kann.

Anmerkungen zum Lösungsweg:

1) Strenggenommen hätten wir die Lösung des Beispiels so nicht schreiben dürfen, da durch die Division durch y die Lösung $y \equiv 0$ zunächst verschwindet und erst zum Schluß durch die Hinzunahme von $K = 0$ wieder auftaucht.

Der einfacheren Schreibweise halber werden wir aber auch in Zukunft diese Nachlässigkeit begehen. Denken Sie sich also ab der zweiten Zeile des Lösungswegs den Zusatz „oder $h(y) \equiv 0$“ hinzugefügt.

2) Aufgabenstellung und Lösungsweg setzen $x \neq 0$ voraus. Lautet stattdessen die vorgelegte Differentialgleichung $y'(x) \cdot x = 4y(x)$, dann ist auch $x = 0$ erlaubt, während der Lösungsweg nur eine Lösung $y(x)$ für $x \neq 0$ liefert. Den dann noch fehlenden Wert $y(0) = 0$ erhalten wir aber unmittelbar durch Einsetzen von $x = 0$ in die Differentialgleichung.

Aufgaben:

Berechnen Sie die allgemeinen Lösungen folgender Differentialgleichungen durch Trennen der Variablen:

$$
\begin{array}{ll}
\text{a)} & y'(x) = \dfrac{a \cdot y(x)}{x} \\
\text{b)} & y'(x) \cdot \cos^2 x = \dfrac{\sin x}{y(x)} \\
\text{c)} & y'(x) = \ln x \cdot y(x) \\
\text{d)} & y'(x) - 2x \cdot \mathrm{e}^{y(x)} = 0
\end{array}
$$

8.4 Lineare Differentialgleichungen 1. Ordnung

Definition 8.4.1 *Eine Differentialgleichung der Form*

$$y'(x) + a(x) \cdot y(x) = r(x)$$

wird als lineare Differentialgleichung 1. Ordnung bezeichnet. Wenn die rechte Seite $r(x)$ die Nullfunktion ist, heißt die lineare Differentialgleichung homogen, andernfalls heißt sie inhomogen.

Lösung einer homogenen linearen Differentialgleichung 1. Ordnung

Eine homogene lineare Differentialgleichung 1. Ordnung ist eine Differentialgleichung mit trennbaren Variablen. Ihre allgemeine Lösung kann daher wie folgt bestimmt werden:

$$\begin{aligned} y'(x) &= -a(x)\cdot y(x) \\ \iff \int \frac{dy}{y} &= -\int a(x)\,dx \\ \iff \ln|y| &= -\int a(x)\,dx + C \\ \iff y(x) &= K\cdot \mathrm{e}^{-\int a(x)\,dx};\ K \in \mathbb{R} \end{aligned}$$

Lösung einer inhomogenen linearen Differentialgleichung 1. Ordnung

Sei

$$y_h(x) = K\cdot \mathrm{e}^{-\int a(x)\,dx}$$

die allgemeine Lösung der homogenen Differentialgleichung

$$y_h'(x) + a(x)\cdot y_h(x) = 0$$

Zur Berechnung der allgemeinen Lösung der inhomogenen Differentialgleichung

$$y'(x) + a(x)\cdot y(x) = r(x)$$

ersetzen wir die Konstante K durch eine zunächst noch unbekannte Funktion $K(x)$. Dieses Vorgehen wird als „Variation der Konstanten" bezeichnet. Wir erhalten so

als Funktion $y(x)$:

$$y(x) = K(x)\cdot \mathrm{e}^{-\int a(x)\,dx}$$

als ihre Ableitung $y'(x)$:

$$y'(x) = K'(x)\cdot \mathrm{e}^{-\int a(x)\,dx} + K(x)\cdot(-a(x))\cdot \mathrm{e}^{-\int a(x)\,dx}$$

und damit als linke Seite der Differentialgleichung:

$$y'(x) + a(x)\cdot y(x) = K'(x)\cdot \mathrm{e}^{-\int a(x)\,dx}$$

Unser Ansatz liefert also genau dann die allgemeine Lösung der inhomogenen Differentialgleichung, wenn gilt

$$K'(x)\cdot \mathrm{e}^{-\int a(x)\,dx} = r(x)$$

Dies ist der Fall für

$$K(x) = \int r(x)\cdot \mathrm{e}^{+\int a(x)\,dx}\,dx$$

Beispiel 8.4.1: Zur Berechnung der allgemeinen Lösung der inhomogenen Differentialgleichung

$$y'(x) + \frac{y(x)}{x} = \cos x$$

lösen wir zunächst die homogene Differentialgleichung

$$y_h{}'(x) + \frac{y_h(x)}{x} = 0$$

Sie hat die allgemeine Lösung (vgl. Aufgabe a) in Abschnitt 8.3):

$$y_h(x) = \frac{K}{x}$$

Zur Bestimmung von $y(x)$ machen wir daher den Ansatz

$$y(x) = \frac{K(x)}{x}$$

wobei für $K(x)$ gelten muß (wieso?)

$$K'(x) = \cos x \cdot x$$

Hieraus erhalten wir durch unbestimmte Integration

$$K(x) = \cos x + x \cdot \sin x + C$$

Die gesuchte allgemeine Lösung $y(x)$ der inhomogenen Differentialgleichung lautet also

$$\begin{aligned} y(x) = \frac{K(x)}{x} &= \frac{\cos x + x \cdot \sin x + C}{x} \\ &= \frac{\cos x + x \cdot \sin x}{x} + \frac{C}{x} \end{aligned}$$

Durch geeignete Festlegung der Konstanten C kann nun eine partikuläre Lösung ausgewählt werden, die eine bestimmte Anfangsbedingung erfüllt.

Hinweise:

1) Die Lösung einer Anfangswertaufgabe für eine lineare inhomogene Differentialgleichung 1. Ordnung verläuft immer in drei Schritten:

- Lösen der zugehörigen homogenen Differentialgleichung,
- Variation der Konstanten,

- Anpassung an die Anfangsbedingung

Falls die vorgelegte Differentialgleichung homogen ist oder keine Anfangsbedingung gegeben wurde, fällt der zweite oder der dritte Schritt weg.

2) Die allgemeine Lösung einer inhomogenen linearen Differentialgleichung kann immer als Summe aus der allgemeinen Lösung der zugehörigen homogenen Differentialgleichung und einer partikulären Lösung der inhomogenen Differentialgleichung geschrieben werden. (Demonstrieren Sie dies an dem vorstehenden Beispiel.) Falls (z.B. durch Untersuchung des durch die Differentialgleichung beschriebenen physikalischen Phänomens) irgendeine partikuläre Lösung der inhomogenen Differentialgleichung erraten werden kann, entfällt demnach die Variation der Konstanten.

Aufgaben:

1) Lösen Sie die Anfangswertaufgaben

$$\begin{array}{ll} \text{a)} & y'(x) - x \cdot y(x) + 3x = 0,\ y(0) = 0 \\ \text{b)} & y'(x) - y(x) \cdot \tan x + \sin x = 0,\ y(0) = 1 \\ \text{c)} & y'(x) + \dfrac{y(x)}{x} = \cosh x,\ y(1) = 0 \end{array}$$

2) Erraten Sie eine partikuläre Lösung der Differentialgleichung

$$y'(x) = a \cdot y(x) + 1$$

8.5 „Einfache“ Differentialgleichungen zweiter Ordnung

Im allgemeinen sind Differentialgleichungen 2. Ordnung

$$y'' = f(x, y, y')$$

erheblich schwerer zu lösen als Differentialgleichungen 1. Ordnung. Aber in gewissen Fällen können sie auf Differentialgleichungen 1. Ordnung zurückgeführt werden:

8.5.1 Differentialgleichungen vom Typ $y''(x) = f(x)$

Aus einer Differentialgleichung dieses Typs erhält man durch Integration nach x eine Differentialgleichung 1. Ordnung

$$y'(x) = g(x) + C$$

(dabei ist $g(x)$ eine Stammfunktion von $f(x)$), die durch nochmaliges Integrieren gelöst wird.

Beispiel 8.5.1:

$$y''(x) = \frac{-1}{x^2}$$

Durch Integration nach x erhalten wir:

$$\begin{aligned} y'(x) &= \frac{1}{x} + C \\ y(x) &= \ln|x| + Cx + D \end{aligned}$$

(Aufgabe: Wählen Sie aus dieser allgemeinen Lösung eine partikuläre Lösung aus, indem Sie für $y(1)$ und $y'(1)$ (AWA), bzw. für $y(1)$ und $y(2)$ (RWA) feste Werte vorgeben.)

8.5.2 Differentialgleichungen vom Typ $y'' = f(y)$

Eine derartige Differentialgleichung geht durch Multiplikation mit $2y'$ über in

$$2y'y'' = 2y'f(y)$$

Durch Integration nach x und Substitution auf beiden Seiten kann dann y' berechnet werden:

$$\begin{aligned} \int 2y'y''\,dx &= \int 2y'f(y)\,dx \\ \int \left(\frac{d(y'^2)}{dx}\right) dx &= 2 \cdot \int f(y)\,dy \\ y'^2 &= 2 \cdot \int f(y)\,dy + C \\ y' &= \pm\sqrt{2 \cdot \int f(y)\,dy + C} \end{aligned}$$

Hieraus erhält man $y(x)$ durch eine weitere Integration.

Beispiel 8.5.2: Wie oben dargestellt wird bei der Schwingung einer an einer Feder senkrecht hängenden Masse die Auslenkung y zu einem bestimmten Zeitpunkt t beschrieben durch die Differentialgleichung

$$\ddot{y}(t) = -\omega^2 \cdot y(t)$$

Der beschriebene Lösungsweg liefert dann zunächst folgendermaßen eine Differentialgleichung 1. Ordnung:

$$\begin{aligned}
\ddot{y} &= -\omega^2 \cdot y \\
2\dot{y}\ddot{y} &= -2\omega^2 \cdot y\dot{y} \\
2 \cdot \int \dot{y}\ddot{y}\,dt &= -2\omega^2 \cdot \int y\dot{y}\,dt \\
\dot{y}^2 &= -2\omega^2 \cdot \int y\,dy \\
\dot{y}^2 &= -\omega^2 \cdot y^2 + C \\
\dot{y} &= \pm\sqrt{C - \omega^2 \cdot y^2} \\
\dot{y} &= \pm|\omega| \cdot \sqrt{\frac{C}{\omega^2} - y^2}
\end{aligned}$$

Der Radikand ist nur dann nichtnegativ, wenn $\frac{C}{\omega^2} \geq 0$ ist. Der Einfachheit halber setzen wir $D^2 := \frac{C}{\omega^2}$. Eine reelle Lösung der Differentialgleichung existiert dann nur für $|y| \leq |D|$. Durch die Wahl des Vorzeichens von ω können wir dem $\pm$-Zeichen Rechnung tragen, so daß wir die entstandene Differentialgleichung 1. Ordnung mit trennbaren Variablen mit ihrem weiteren Lösungsweg nunmehr schreiben können als

$$\begin{aligned}
\dot{y} &= \omega \cdot \sqrt{D^2 - y^2} \\
\int \frac{dy}{\sqrt{D^2 - y^2}} &= \int \omega\,dt \\
\arcsin \frac{y}{D} &= \omega t + E \\
y &= D \cdot \sin(\omega t + E)
\end{aligned}$$

Aus dieser allgemeinen Lösung können wir eine spezielle Lösung auswählen, indem wir zu Beginn ($t = 0$) eine Auslenkung $y(0) = y_0$ und eine Geschwindigkeit $\dot{y}(0) = v_0$ vorgeben. Für die Parameter D und E ergibt sich dadurch folgendes nichtlineare Gleichungssystem:

$$\begin{aligned}
y_0 &= D \cdot \sin E \\
v_0 &= D \cdot \omega \cdot \cos E
\end{aligned}$$

Wird beispielsweise die Masse um y_0 ausgelenkt und zum Startzeitpunkt einfach losgelassen (d.h. $v_0 = 0$), erhalten wir

$$E = \frac{\pi}{2}, \qquad D = y_0$$

und folglich

$$y(t) = y_0 \cdot \sin(\omega t + \frac{\pi}{2}) = y_0 \cdot \cos(\omega t)$$

Passiert die Masse hingegen zum Zeitpunkt $t = 0$ den Nullpunkt ($y_0 = 0$) mit der Geschwindigkeit v_0, so ergibt sich

$$E = 0, \qquad D = \frac{v_0}{\omega}$$

und somit

$$y(t) = \frac{v_0}{\omega} \cdot \sin(\omega t)$$

Für andere Werte von y_0 und v_0 sind die speziellen Lösungen ebenfalls Schwingungen der Frequenz $\frac{\omega}{2\pi}$ mit anderen Amplituden und Phasenverschiebungen.

Scheinbar ist es problematisch, daß das Gleichungssystem für D und E im allgemeinen nicht eindeutig lösbar ist. In der Tat führen die unterschiedlichen Lösungen aber wieder auf identische Funktionen $y(t)$. Zum Beispiel ist für $v_0 = 0$ auch $E = -\frac{\pi}{2}$, $D = -y_0$ eine Lösung der Bestimmungsgleichungen. Die sich daraus ergebende Funktion

$$y(t) = -y_0 \cdot \sin(\omega t - \frac{\pi}{2}) = -y_0 \cdot (-\cos(\omega t))$$

stimmt aber mit der oben berechneten Funktion $y(t) = y_0 \cdot \cos(\omega t)$ überein.

8.5.3 Differentialgleichungen vom Typ $y'' = f(x, y')$

Hier erhalten wir durch die Ersetzung $u := y'$ eine Differentialgleichung 1. Ordnung:

$$u' = f(x, u)$$

Die Lösung u dieser Differentialgleichung muß dann zur Bestimmung von y noch einmal unbestimmt integriert werden. (Dieser Schritt liefert auch noch eine weitere Integrationskonstante.)

Beispiel 8.5.3:

$$y'' + 2 \cdot \frac{y'}{x} = 4x$$

Die Ersetzung $u := y'$ liefert die inhomogene lineare Differentialgleichung 1.Ordnung:

$$u' + 2\frac{u}{x} = 4x$$

Die zugehörige homogene Differentialgleichung

$$u_h' + 2\frac{u_h}{x} = 0$$

hat die allgemeine Lösung

$$u_h = \frac{K}{x^2}$$

Variation der Konstanten liefert

$$\frac{K'(x)}{x^2} - \frac{2K(x)}{x^3} + \frac{2K(x)}{x^3} = 4x$$

also

$$K'(x) = 4x^3$$

und somit

$$K(x) = x^4 + C$$

Das Zwischenergebnis lautet folglich

$$u = x^2 + \frac{C}{x^2}$$

Hieraus ergibt sich die Lösung y zu

$$\begin{aligned} y &= \int x^2 + \frac{C}{x^2}\,dx \\ &= \frac{x^3}{3} - \frac{C}{x} + D \end{aligned}$$

Aufgaben:

Lösen Sie folgende Differentialgleichungen 2. Ordnung durch Zurückführen auf Differentialgleichungen 1. Ordnung

a) $y''(x) - 12x^2 = 0 \quad y(0) = 1,\ y(1) = 0$

b) $y''(x) + \frac{y'(x)}{x} = 6x^2 \quad y(1) = \frac{1}{2},\ y'(1) = 1$

c) $y''(x) + y(x) = 0$

8.6 Homogene lineare Differentialgleichungen zweiter Ordnung mit konstanten Koeffizienten

Beim Berechnen von Vorgängen aus verschiedensten Bereichen werden häufig lineare Differentialgleichungen verwendet, da sie für diese Situationen ein mathematisches Modell darstellen, das die Wirklichkeit (jedenfalls für kurze Intervalle der unabhängigen Variablen) nicht allzu sehr „verbiegt" und zugleich mit vertretbarem Aufwand exakt oder zumindest näherungsweise gelöst werden kann. Als Beispiel für diese Klasse von Differentialgleichungen soll hier der einfachste Fall einer linearen Differentialgleichung 2. Ordnung vorgestellt werden.

Definition 8.6.1 *Eine Differentialgleichung der Form*

$$a(x) \cdot y''(x) + b(x) \cdot y'(x) + c(x) \cdot y(x) = 0$$

mit reellen Funktionen $a(x), b(x), c(x)$ *und* $a(x) \not\equiv 0$ *heißt eine homogene lineare Differentialgleichung 2. Ordnung .*

Satz 8.6.1 *Die allgemeine Lösung einer homogenen linearen Differentialgleichung 2. Ordnung ist ein Vektorraum der Dimension 2. Wenn zwei partikuläre Lösungen der Differentialgleichung* $y_1(x)$ *und* $y_2(x)$ *im Vektorraum der zweimal stetig differenzierbaren Funktionen über einem Intervall linear unabhängig sind, dann lautet die allgemeine Lösung der homogenen linearen Differentialgleichung 2. Ordnung über diesem Intervall*

$$y(x) = C \cdot y_1(x) + D \cdot y_2(x)$$

Wir betrachten hier den Spezialfall, daß $a(x)$, $b(x)$ und $c(x)$ konstante Funktionen sind und deshalb als reelle Zahlen a, b, c geschrieben werden können. In diesem Fall finden wir die beiden Basisfunktionen $y_1(x)$ und $y_2(x)$ mit Hilfe einer quadratischen Gleichung, die als charakteristische Gleichung der Differentialgleichung bezeichnet wird:

$$ak^2 + bk + c = 0$$

Fall 1: zwei reelle Lösungen

Satz 8.6.2 *Falls die charakteristische Gleichung zwei reelle Lösungen* k_1 *und* k_2 *besitzt, dann sind*

$$y_1(x) = \mathrm{e}^{k_1 x} \quad \textit{und} \quad y_2(x) = \mathrm{e}^{k_2 x}$$

zwei linear unabhängige Lösungen der vorgelegten Differentialgleichung.

Beweis: Für $y(x) = e^{kx}$ ist

$$\begin{aligned} ay''(x) + by'(x) + cy(x) &= ak^2y(x) + bky(x) + cy(x) \\ &= y(x) \cdot (ak^2 + bk + c) \end{aligned}$$

Wenn k eine Lösung der charakteristischen Gleichung ist, ist der Ausdruck in Klammern auf der rechten Seite gleich Null, so daß $y(x)$ in der Tat die Differentialgleichung löst. Da keine der beiden Lösungen $y_1(x)$ und $y_2(x)$ ein Vielfaches der anderen Lösung ist, sind die beiden Funktionen auch linear unabhängig.

Die allgemeine Lösung lautet also in diesem Fall:

$$y(x) = C \cdot e^{k_1 x} + D \cdot e^{k_2 x}$$

Fall 2: genau eine reelle Lösung

Satz 8.6.3 *Falls die charakteristische Gleichung genau eine reelle Lösung k_1 besitzt, dann sind*

$$y_1(x) = e^{k_1 x} \quad \textit{und} \quad y_2(x) = xe^{k_1 x}$$

zwei linear unabhängige Lösungen der vorgelegten Differentialgleichung.

Beweis: Daß $y_1(x)$ eine Lösung ist und daß $y_1(x)$ und $y_2(x)$ linear unabhängig sind, rechnen Sie bitte selber nach. Daß $y_2(x)$ eine Lösung der vorgelegten Differentialgleichung ist, sieht man folgendermaßen:

$$\begin{aligned} ay_2''(x) + by_2'(x) + cy_2(x) &= ak_1(k_1x + 2)e^{k_1 x} + b(k_1x + 1)e^{k_1 x} + cxe^{k_1 x} \\ &= (ak_1^2x + 2ak_1 + bk_1x + b + cx)e^{k_1 x} \\ &= ((ak_1^2 + bk_1 + c)x + (2ak_1 + b))e^{k_1 x} \\ &= 0 \end{aligned}$$

(Für den letzten Schritt ist zu beachten, daß k_1 eine doppelte Nullstelle des Polynoms $ak^2 + bk + c$ ist und deshalb für $k = k_1$ nicht nur das Polynom, sondern auch seine erste Ableitung eine Nullstelle besitzt.)

Die allgemeine Lösung lautet also in diesem Fall:

$$y(x) = (C + Dx) \cdot e^{k_1 x}$$

Fall 3: zwei konjugiert komplexe Lösungen

Falls die charakteristische Gleichung zwei konjugiert komplexe Lösungen $k_1 = \mathrm{Re}\, k_1 + j \cdot \mathrm{Im}\, k_1$ und $k_2 = \mathrm{Re}\, k_1 - j \cdot \mathrm{Im}\, k_1$ besitzt, dann könnte man wiederum $y_i(x) = \mathrm{e}^{k_i x}$ mit $k = 1, 2$ als Basis des Lösungsraums wählen. Solange man sich aber ausdrücklich für reelle Lösungen der Differentialgleichung interessiert, können folgende Funktionen als Basisfunktionen verwendet werden:

$$\begin{aligned} y_1(x) &= \mathrm{e}^{(\mathrm{Re}\, k_1)x} \cdot \cos((\mathrm{Im}\, k_1)x) \\ y_2(x) &= \mathrm{e}^{(\mathrm{Re}\, k_1)x} \cdot \sin((\mathrm{Im}\, k_1)x) \end{aligned}$$

Der Beweis, daß dies in der Tat Lösungen der vorgelegten Differentialgleichung sind, verläuft in groben Zügen so:

Vorüberlegung: Wenn die reelle quadratische Gleichung $k^2 + pk + q$ zwei konjugiert komplexe Lösungen k_1 und k_2 besitzt, wobei der Imaginärteil von k_1 positiv sei, dann ist

$$\begin{aligned} \mathrm{Re}\, k_1 &= -\frac{p}{2} \\ \mathrm{Im}\, k_1 &= \sqrt{q - \frac{p^2}{4}} \end{aligned}$$

Argumentation für $y_1(x) := \mathrm{e}^{\mathrm{Re}\, k_1 x} \cdot \cos(\mathrm{Im}\, k_1 x)$:

$$\begin{aligned} &\frac{y_1''(x) + p y_1'(x) + q y_1(x)}{\mathrm{e}^{\mathrm{Re}\, k_1 x}} = \\ &\quad ((\mathrm{Re}\, k_1)^2 - (\mathrm{Im}\, k_1)^2 + p \cdot \mathrm{Re}\, k_1 + q) \cdot \cos(\mathrm{Im}\, k_1 x) \\ &\quad -(2\mathrm{Re}\, k_1 \cdot \mathrm{Im}\, k_1 + p\mathrm{Im}\, k_1) \cdot \sin(\mathrm{Im}\, k_1 x) \end{aligned}$$

Aufgrund der Vorüberlegung haben die Klammern vor dem Sinus und dem Cosinus jeweils den Wert Null, so daß y_1 die homogene Differentialgleichung $y''(x) + py'(x) + qy(x) = 0$ erfüllt.

Die Rechnung für $y_2(x)$ verläuft entsprechend.

Die allgemeine Lösung lautet also in diesem Fall:

$$y(x) = (C \cdot \cos(\mathrm{Im}\, k_1 x) + D \cdot \sin(\mathrm{Im}\, k_1 x)) \cdot \mathrm{e}^{\mathrm{Re}\, k_1 x}$$

Beispiel 8.6.1: Wenn wir bei der Beschreibung einer an einer Feder schwingenden Masse auch noch die (proportional zur jeweiligen Geschwindigkeit wirkende) Reibung berücksichtigen, dann erhalten wir die Differentialgleichung

$$\ddot{y}(t) + \alpha \dot{y}(t) + \beta y(t) = 0$$

mit positiven reellen Konstanten α und β. Wenn α gegenüber β klein ist, erhalten wir die allgemeine Lösung (Fall 3):

$$\begin{aligned} y(t) &= \mathrm{e}^{-\frac{\alpha}{2}t} \cdot \left(C \cdot \cos(\sqrt{\beta - \frac{\alpha^2}{4}}t) + D \cdot \sin(\sqrt{\beta - \frac{\alpha^2}{4}}t) \right) \\ &= \mathrm{e}^{-\frac{\alpha}{2}t} \cdot K \cdot \sin(\gamma + t) \end{aligned}$$

(Nachrechnen!) Es ergibt sich also eine phasenverschobene Sinusschwingung, deren Amplitude im Laufe der Zeit gegen Null geht.

Wenn hingegen α gegenüber β groß ist, erhalten wir die allgemeine Lösung (Fall 1):

$$y(t) = \mathrm{e}^{-\frac{\alpha}{2}t} \cdot \left(C\mathrm{e}^{\sqrt{\frac{\alpha^2}{4} - \beta}\, t} + D\mathrm{e}^{-\sqrt{\frac{\alpha^2}{4} - \beta}\, t} \right)$$

(Nachrechnen!) Es kommt hier also gar nicht erst zu einer Schwingung. Vielmehr nähert sich die Kurve der durch die Anfangsauslenkung und -geschwindigkeit initiierten Bewegung nach gewisser Zeit einer Exponentialfunktion an, die monoton gegen Null konvergiert.

Als typische Vertreter dieser beiden Fälle gibt die folgende Abbildung die Kurven der Funktionen

$$\begin{aligned} y(t) &= \mathrm{e}^{\frac{-t}{8}} \cdot \sin\left(t + \frac{\pi}{6}\right) \text{ sowie} \\ y(t) &= \mathrm{e}^{-t} \cdot \left(\mathrm{e}^{\frac{t}{2}} - \frac{1}{2}\mathrm{e}^{-\frac{t}{2}}\right) \end{aligned}$$

wieder.

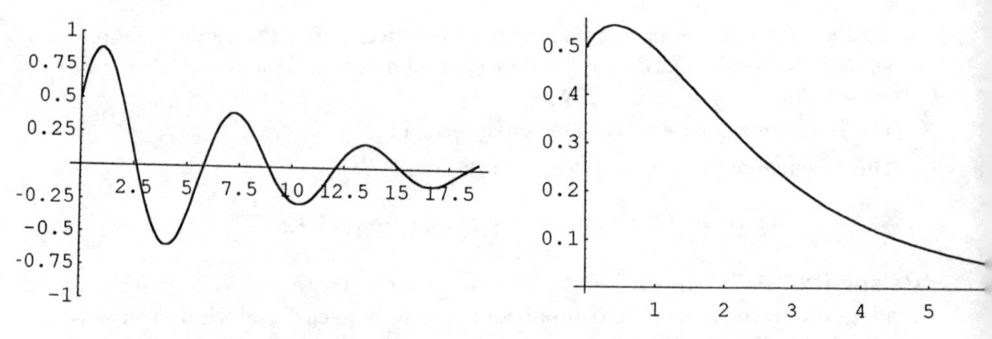

Inhomogene lineare Differentialgleichungen 2. Ordnung mit konstanten Koeffizienten werden wir in Kapitel 10 mit der Laplace-Transformation lösen.

Reduktion der Ordnung

Falls die Koeffizienten der homogenen linearen Differentialgleichung

$$a(x) \cdot y''(x) + b(x) \cdot y'(x) + c(x) \cdot y(x) = 0$$

keine Konstanten sind, kann man die allgemeine Lösung dieser Differentialgleichung bestimmen, sobald eine partikuläre Lösung bekannt ist. Dieser Lösungsweg wird als „Reduktion der Ordnung“ bezeichnet und verläuft folgendermaßen:

Sei $y_1(x)$ eine Lösung der obigen linearen Differentialgleichung. Für die allgemeine Lösung $y(x)$ machen wir den Ansatz

$$y(x) = z(x) \cdot y_1(x)$$

mit einer bislang noch unbekannten Funktion $z(x)$. Einsetzen dieses Produktes in die Differentialgleichung liefert eine lineare Differentialgleichung, die außer den Koeffizientenfunktionen $a(x)$, $b(x)$ und $c(x)$ nur $z'(x)$ und $z''(x)$ enthält. Aus ihr kann $z(x)$ wie in Abschnitt 8.5.3 beschrieben bestimmt werden. Der Name "Reduktion der Ordnung“ für dieses Vorgehen kommt natürlich daher, daß die entstandene Differentialgleichung zwar von zweiter Ordnung ist, aber wie eine Differentialgleichung erster Ordnung gelöst werden kann.

Beispiel 8.6.2: Die Differentialgleichung

$$(x-1) \cdot y''(x) - x \cdot y(x) + y(x) = 0$$

hat eine partikuläre Lösung $y_1(x) = x$. Der Ansatz

$$y(x) = z(x) \cdot x$$

liefert nach Einsetzen auf der linken Seite der Differentialgleichung

$$(x-1) \cdot (z''(x) \cdot x + 2z'(x)) - x \cdot (z'(x) \cdot x + z(x)) + z(x) \cdot x$$

oder vereinfacht

$$(-x^2 + 2x - 2) \cdot z'(x) + (x^2 - x) \cdot z''(x)$$

Die Differentialgleichung

$$(-x^2 + 2x - 2) \cdot z'(x) + (x^2 - x) \cdot z''(x) = 0$$

hat die Lösung

$$z'(x) = C \cdot \frac{1-x}{x^2} \cdot \mathrm{e}^x$$

und damit

$$z(x) = C \cdot \frac{e^x}{x} + D$$

Damit lautet die allgemeine Lösung der ursprünglichen Differentialgleichung

$$y(x) = z(x) \cdot x = C \cdot e^x + D \cdot x$$

Aufgaben:

1) Lösen Sie folgende Differentialgleichungen:

$$\begin{array}{ll} \text{a)} & 2y''(x) + y'(x) - y(x) = 0 \\ \text{b)} & 25y''(x) - 40y'(x) + 16y(x) = 0 \\ \text{c)} & y''(x) - 2y'(x) + 2y(x) = 0 \end{array}$$

2) Erraten Sie eine Lösung der Differentialgleichung

$$\frac{x^2}{2} \cdot y''(x) - x \cdot y(x) + y(x) = 0$$

und berechnen Sie anschließend die allgemeine Lösung dieser Differentialgleichung durch Reduktion der Ordnung.

8.7 Ein einfaches numerisches Verfahren

Es gibt kein Verfahren, um die allgemeine Lösung einer beliebigen Differentialgleichung in geschlossener Form anzugeben – selbst dann nicht, wenn man beweisen kann, daß eine solche Lösung existiert. Falls eine vorgelegte Differentialgleichung nicht gerade zu einer der Klassen gehört, für die ein exaktes Lösungsverfahren bekannt ist, muß man daher auf Berechnungsweisen zurückgreifen, die eine partikuläre Lösung einer Differentialgleichung zumindest näherungsweise anzugeben gestatten.

Im Rahmen des vorliegenden Textes werden wir uns dabei auf das einfachste dieser Verfahren beschränken.

8.7.1 Das Polygonzug-Verfahren von Euler

Vorgelegt sei die Anfangswertaufgabe

$$y' = f(x, y), \qquad y(x_0) = y_0$$

Gesucht sei der Verlauf der Lösung $y(x)$ auf einem Intervall $x \in [a, b]$ mit $a = x_0$.

Das Euler-Verfahren nähert $y(x)$ durch eine Folge von Geradenstücken an. Es besteht aus folgenden Schritten:

- Unterteile das Intervall $[a, b]$ in n Teilintervalle $[x_i, x_{i+1}]$, $(i = 0, \dots, n-1;\ x_0 = a, x_n = b)$ der Länge $h = \frac{b-a}{n}$.
- Wenn in $[x_i, x_{i+1}]$ die Zahl y_i ein Näherungswert für $y(x_i)$ ist, wird die Funktion $y(x)$ auf diesem Teilintervall angenähert durch die Gerade durch (x_i, y_i) mit der Steigung $f(x_i, y_i)$.

Da durch die Aufgabenstellung ein (sogar exakter) Wert für y_0 vorliegt, kann man auf diese Weise die Folge

$$y_{i+1} := y_i + h \cdot f(x_i, y_i), \qquad i = 0, \dots, n-1$$

konstruieren, und die Näherungsfunktion für $y(x)$ entsteht dann dadurch, daß aufeinanderfolgende Punkte (x_i, y_i) und (x_{i+1}, y_{i+1}) gradlinig miteinander verbunden werden.

Beispiel 8.7.1: Für die AWA

$$y'(x) = x^3 - \frac{y}{x}, \quad y(0.5) = \frac{321}{80}$$

liefert das Euler-Verfahren auf dem Intervall $x \in [0.5, 2]$ mit $n = 5$ und damit $h = 0.3$ die Näherungswerte y_i:

x_i	0.5	0.8	1.1	1.4	1.7	2.0
y_i	4.0125	1.6425	1.1802	1.258	1.8113	2.9656

8.7.2 Die Variante von Collatz

Das Euler-Verfahren kann deutlich verbessert werden, wenn man die Berechnung von y_{i+1} in zwei Schritten durchführt:

- Gehe von x_i aus mit dem Euler-Verfahren um die Distanz $\frac{h}{2}$ nach rechts und berechne die Steigung f an dem so erreichten Punkt.
- Gehe von x_i aus um die Distanz h nach rechts und verwende dabei die zuvor in der Mitte des Teilintervalls berechnete Steigung.

(Die Rolle von y_0 als Ausgangspunkt der Berechnung bleibt unverändert.)

Die Formel sieht jetzt etwas komplizierter aus:[3]

$$y_{i+1} := y_i + h \cdot f(x_i + \frac{h}{2}, y_i + \frac{h}{2} \cdot f(x_i, y_i)), \quad i = 0, \ldots, n-1$$

Beispiel 8.7.1: (Fortsetzung) Für die obige AWA liefert die Collatz-Variante bei übereinstimmenden Werten für a, b, n und h:

x_i	0.5	0.8	1.1	1.4	1.7	2.0
y_i	4.0125	2.7899	2.3070	2.3669	2.9953	4.3325

Die von den beiden Versionen gelieferten Polygonzüge stellt die folgende Abbildung zusamen mit der exakten Lösung

$$y(x) = \frac{2}{x} + \frac{x^4}{5}$$

dar. Der Polygonzug des Euler-Verfahrens verläuft dabei unterhalb der Lösungskurve, derjenige der Collatz-Variante oberhalb.

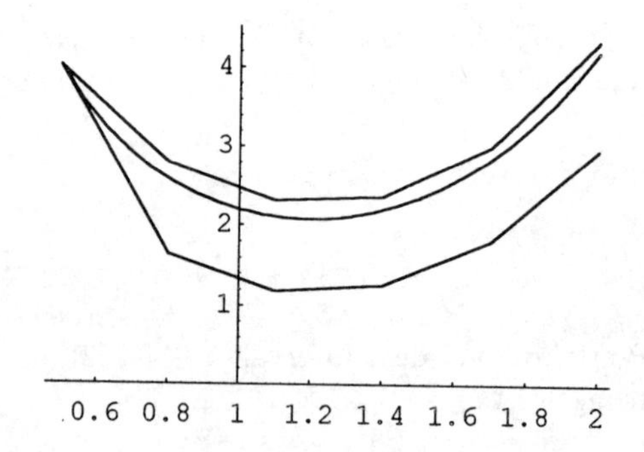

Aufgabe:

Berechnen Sie sowohl mit dem Euler-Verfahren als auch mit der Collatz-Variante eine Näherungslösung für die Anfangswertaufgabe:

$$y'(x) + y(x)/x = y^2(x), \quad y(1) = 1$$

Rechnen Sie auf dem Intervall $[1, 2.5]$ mit der Schrittweite $h = 0.25$.

[3] ...aber man sollte umfangreichere Rechnungen ja ohnehin auf den Computer abwälzen.

8.8 Potenzreihenansatz zur Lösung einer Differentialgleichung

Ein weiteres Hilfsmittel zur näherungsweisen Berechnung einer speziellen Lösung einer Differentialgleichung ist die Darstellung der gesuchten Funktion als Potenzreihe:

$$y(x) = \sum_{i=0}^{\infty} a_i \cdot (x - x_0)^i$$

Ihre erste und zweite Ableitung haben dann die Gestalt:

$$\begin{aligned} y'(x) &= \sum_{i=0}^{\infty} a_{i+1} \cdot (i+1) \cdot (x - x_0)^i \\ y''(x) &= \sum_{i=0}^{\infty} a_{i+2} \cdot (i+1) \cdot (i+2) \cdot (x - x_0)^i \end{aligned}$$

Höhere Ableitungen werden analog gebildet.

Diese Potenzreihen werden für $y(x)$, $y'(x)$, $y''(x)$ usw. in die vorgelegte Differentialgleichung eingesetzt. Für jede Potenz von $(x - x_0)$ müssen die zugehörigen Koeffizienten die sich so ergebende Gleichung erfüllen, so daß hierüber Werte für die a_i berechnet werden können.

Dieser Ansatz hat den Vorteil, daß er im Prinzip einen geschlossenen Rechenausdruck zur beliebig genauen Berechnung der Werte der Lösungsfunktion liefert. Der Haken daran ist allerdings, daß sich nicht immer im voraus absehen läßt, ob die Lösung der vorgelegten Differentialgleichung wenigstens in einer Umgebung von x_0 überhaupt als Potenzreihe darstellbar ist.

Im Rahmen des vorliegenden Textes soll dieses Vorgehen an einem Beispiel vorgestellt werden.

Beispiel 8.8.1: Zur Lösung der Anfangswertaufgabe

$$xy'' + 2y' + xy = 0, \quad y(0) = 1,\ y'(0) = 0$$

machen wir den Ansatz

$$y(x) = \sum_{i=0}^{\infty} a_i \cdot x^i$$

Aus den Anfangsbedingungen ergibt sich

$$a_0 = 1, \quad a_1 = 0$$

Einsetzen dieser Reihe in die Differentialgleichung liefert:

$$\sum_{i=0}^{\infty} a_{i+2} \cdot (i+1) \cdot (i+2) \cdot x^{i+1} + \sum_{i=0}^{\infty} 2 \cdot a_{i+1} \cdot (i+1) \cdot x^i + \sum_{i=0}^{\infty} a_i \cdot x^{i+1} = 0$$

oder in einer Summe zusammengefaßt:

$$2 \cdot a_1 + \sum_{i=1}^{\infty}(a_{i+1} \cdot i \cdot (i+1) + 2 \cdot a_{i+1} \cdot (i+1) + a_{i-1}) \cdot x^i = 0$$

Da für jedes $i = 1, 2, \ldots$ der Koeffizient von x^i Null sein muß, erhalten wir die Beziehung:

$$a_{i+1} \cdot i \cdot (i+1) + 2 \cdot a_{i+1} \cdot (i+1) + a_{i-1} = 0, \quad i = 1, 2, \ldots$$

oder

$$a_{i+1} = \frac{-a_{i-1}}{(i+1) \cdot (i+2)}, \quad i = 1, 2, \ldots$$

Aus $a_0 = 1$ und $a_1 = 0$ folgt somit

$$a_{2i} = \frac{(-1)^i}{(2i+1)!}, \quad a_{2i+1} = 0, \qquad i = 1, 2, \ldots$$

In diesem speziell konstruierten Sonderfall können wir also $y(x)$ sogar in geschlossener Form angeben:

$$y(x) = \sum_{i=0}^{\infty} \frac{(-1)^i \cdot x^{2i}}{(2i+1)!} = \begin{cases} \frac{\sin x}{x} & \text{für } x \neq 0 \\ 1 & \text{für } x = 0 \end{cases}$$

Für den Konvergenzradius liegt überdies hier der Idealfall $\rho = \infty$ vor.

Beispiel 8.8.2: An der Differentialgleichung

$$xy'' + 2y' + xy = 0$$

können wir übrigens noch einmal die „Reduktion der Ordnung" demonstrieren:

Der Ansatz

$$y(x) = z(x) \cdot \frac{\sin x}{x}$$

führt auf der linken Seite der Differentialgleichung eingesetzt zu dem Ungetüm

$$\begin{aligned}
& z(x) \cdot \sin x \\
& +2 \cdot \left(\frac{z(x) \cdot \cos x}{x} - \frac{z(x) \cdot \sin x}{x^2} + \frac{z'(x) \cdot \sin x}{x} \right) \\
& +x \cdot \left(\frac{-2z(x) \cdot \cos x}{x^2} + \frac{2z(x) \cdot \sin x}{x^3} - \frac{z(x) \cdot \sin x}{x} \right. \\
& \left. + \frac{2z'(x) \cdot \cos x}{x} - \frac{2z'(x) \cdot \sin x}{x^2} + \frac{z''(x) \cdot \sin x}{x} \right)
\end{aligned}$$

das sich vereinfachen läßt zu

$$2z'(x) \cdot \cos x + z''(x) \cdot \sin x$$

Die Differentialgleichung

$$2z'(x) \cdot \cos x + z''(x) \cdot \sin x = 0$$

hat die Lösung

$$z'(x) = \frac{C}{\sin^2 x}$$

also

$$z(x) = \frac{C}{\tan x} + D$$

Die allgemeine Lösung der vorgelegten Differentialgleichung 2. Ordnung lautet demnach

$$y(x) = \left(\frac{C}{\tan x} + D\right) \cdot \frac{\sin x}{x} = C \cdot \frac{\cos x}{x} + D \cdot \frac{\sin x}{x}$$

Aufgabe:

1) Lösen Sie die Anfangswertaufgabe

$$(1 - x) \cdot y'(x) = y(x), \quad y(0) = 1$$

durch einen Potenzreihenansatz und geben Sie auch den Konvergenzradius der Potenzreihe an.

Kapitel 9

Fourier-Reihen

Die Theorie der Fourierreihen befaßt sich mit der Frage, ob und wie sich ein periodisches Signal $f(t)$ durch Überlagerung von Grund- und Oberschwingungen darstellen läßt. Derartige Untersuchungen werden benötigt bei der Spektralzerlegung von periodischen Signalen mit Anwendung z.B. in der Nachrichtentechnik. Darüberhinaus werden Fourierreihen als Lösungsansatz für bestimmte Typen von Differentialgleichungen verwendet.
Wir wollen den Gegenstand unserer Betrachtung etwas präzisieren:
Sei $f(t)$ eine auf ganz $\mathbb{R}$ definierte periodische Funktion mit der Periodenlänge 2π, d.h. $f(t+2\pi) = f(t)$ für beliebiges t. Darüberhinaus wollen wir voraussetzen, daß $f(t)$ im eigentlichen Sinne über das Intervall $[0, 2\pi]$ integrierbar ist. Einer derartigen Funktion $f(t)$ wollen wir ihre Fourrierreihe $\sum_{-\infty}^{\infty} \alpha_n e^{jnt}$ zuordnen, symbolisch

$$f(t) \sim \sum_{-\infty}^{\infty} \alpha_n e^{jnt}$$

Dabei versteht sich die unendliche Reihe $\sum_{-\infty}^{\infty} \alpha_n e^{jnt}$ als Grenzwert der N-ten Fouriersummen $s_N(t) = \sum_{n=-N}^{N} \alpha_n e^{jnt}$, falls dieser existiert. Hier schließen sich sofort ein paar Fragen an:

1. Wie hängen die Fourierkoeffizienten α_n mit der Funktion $f(t)$ zusammen ?

2. In welchem Sinn konvergiert die Reihe und wogegen ?

3. Welche Eigenschaften von $f(t)$ sind für die Art der Konvergenz maßgebend ?

Zur Beantwortung der ersten Frage definieren wir:

$$\alpha_n = \frac{1}{2\pi} \int_0^{2\pi} f(t) e^{-jnt}\, dt$$

Ob dies eine 'gute' Definition im Sinne der beiden anderen Fragen ist, wollen wir im Laufe dieses Kapitels untersuchen. Zunächst wollen wir noch einige Bemerkungen zu verschiedenen Darstellungen der Fourierreihe für reellwertige Funktionen $f(t)$ machen:
hierzu betrachten wir den $-n$-ten Fourierkoeffizienten α_{-n}:

$$\alpha_{-n} = \frac{1}{2\pi}\int_0^{2\pi} f(t)e^{-j(-n)t}\,dt = \overline{\frac{1}{2\pi}\int_0^{2\pi} f(t)e^{-jnt}\,dt} = \overline{\alpha_n}$$

Der Querstrich soll hier den Übergang zum konjugiert Komplexen bezeichnen [1]. Addieren wir nun ein Paar von 'symmetrisch' in der Fouriersumme auftretenden Summanden so erhalten wir:

$$\alpha_n e^{jnt} + \alpha_{-n}e^{j(-n)t} = \alpha_n e^{jnt} + \overline{\alpha_n e^{jnt}} = 2\mathrm{Re}\,(\alpha_n e^{jnt})$$

Mit $a_n = \mathrm{Re}\,(\alpha_n)$ und $b_n = \mathrm{Im}\,(\alpha_n)$ erhält man unter Verwendung der Eulerschen Formel:

$$\begin{aligned}\alpha_n \cdot e^{jnt} &= (a_n + jb_n)\cdot(\cos nt + j\sin nt)\\ &= (a_n\cos nt - b_n\sin nt) + j(b_n\cos nt + a_n\sin nt)\end{aligned}$$

Für die N-te Fouriersumme erhält man damit:

$$\begin{aligned}\sum_{n=-N}^{N}\alpha_n e^{jnt} &= \alpha_0 + \sum_{n=1}^{N}(\alpha_n e^{jnt} + \alpha_{-n}e^{j(-n)t})\\ &= \alpha_0 + \sum_{n=1}^{N}(2a_n\cos nt - 2b_n\sin nt)\end{aligned}$$

Es ist üblich, die Vereinbarung $A_n = 2a_n$ und $B_n = -2b_n$ zu treffen, d.h. $\alpha_n = \frac{1}{2}(A_n - jB_n)$. Offenbar ist $B_0 = 0$.
Man erhält dann:

$$\sum_{n=-N}^{N}\alpha_n e^{jnt} = \frac{A_0}{2} + \sum_{n=1}^{N}(A_n\cos nt + B_n\sin nt)$$

Für N gegen Unendlich entsteht hieraus die reelle Form der Fourierreihe

$$f(t) \sim \frac{A_0}{2} + \sum_{n=1}^{\infty}(A_n\cos nt + B_n\sin nt)$$

[1] Eine gleichfalls übliche Bezeichnung verwendet den $\star$, also: $(x+jy)^\star = x - jy$.

Die reellen Fourierkoeffizienten A_n und B_n lassen sich nun ähnlich wie die komplexen Fourierkoeffizienten α_n unmittelbar als Integrale darstellen:

$$\begin{aligned}\alpha_n &= \frac{1}{2\pi}\int_0^{2\pi} f(t)\mathrm{e}^{-jnt}\,dt = \frac{1}{2\pi}\int_0^{2\pi} f(t)(\cos nt - j\sin nt)\,dt \\ &= \frac{1}{2\pi}\int_0^{2\pi} f(t)\cos nt\,dt - j\frac{1}{2\pi}\int_0^{2\pi} f(t)\sin nt\,dt\end{aligned}$$

Wegen $\alpha_n = \frac{1}{2}(A_n - jB_n)$ erhält man durch Vergleich von Real- und Imaginärteil:

$$A_n = \frac{1}{\pi}\int_0^{2\pi} f(t)\cos nt\,dt$$

$$B_n = \frac{1}{\pi}\int_0^{2\pi} f(t)\sin nt\,dt$$

Im folgenden werden wir häufig von einer einfachen Tatsache Gebrauch machen, die wir der Übersichtlichkeit halber als eigenen Satz formulieren:

Satz 9.0.1 *Sei n eine ganze Zahl ungleich Null, dann gilt:*

$$\int_0^{2\pi} \mathrm{e}^{jnt}\,dt = 0$$

Beweis:

$$\int_0^{2\pi} \mathrm{e}^{jnt}\,dt = \left[\frac{1}{jn}\mathrm{e}^{jnt}\right]_0^{2\pi} = \frac{\mathrm{e}^{jn2\pi} - 1}{jn}$$

Nach der Eulerschen Formel gilt aber nun wegen der Periodizität von sin und cos:

$$\mathrm{e}^{jn2\pi} = \cos n2\pi + j\sin n2\pi = \cos 0 + j\sin 0 = 1$$

Damit ist in der Tat das in Frage stehende Integral gleich Null. □

Beispiel 9.0.3: Sei $f(t) = t$ mit $t\epsilon[0, 2\pi]$. Für die Fourierkoeffizienten erhalten wir mit Hilfe partieller Integration, falls $n \neq 0$:

$$\begin{aligned}\alpha_n &= \frac{1}{2\pi}\int_0^{2\pi} t\mathrm{e}^{-jnt}\,dt = \frac{1}{2\pi}[t\mathrm{e}^{-jnt}]_0^{2\pi} - \frac{1}{2\pi}\int_0^{2\pi}\frac{1}{-jn}\mathrm{e}^{-jnt}\,dt \\ &= \frac{1}{2\pi}(2\pi\frac{1}{-jn}) = \frac{j}{n}\end{aligned}$$

Hier haben wir natürlich den voraufgegangenen Satz verwendet.
Für $n = 0$ erhält man:

$$\alpha_0 = \frac{1}{2\pi}\int_0^{2\pi} t\,dt = \frac{1}{2\pi}[\frac{1}{2}t^2]_0^{2\pi} = \pi$$

Die komplexe Darstellung der Fourierreihe lautet dann:

$$f(t) \sim \pi + j \sum_{-\infty, n\neq 0}^{\infty} \frac{1}{n} \mathrm{e}^{jnt}$$

Da die α_n für $n \neq 0$ rein imaginär sind, sind die entsprechenden A_n sämtlich Null, und man erhält als reelle Darstellung

$$f(t) \sim \pi - \sum_{n=1}^{\infty} \frac{2}{n} \sin nt$$

Beispiel 9.0.4:

$$f(t) = \cos 4t, t\epsilon[0, 2\pi]$$

Für die weitere Rechnung empfiehlt es sich, den cosinus über die Exponentialfunktion darzustellen,d.h.:

$$\cos 4t = \frac{1}{2}(\mathrm{e}^{j4t} + \mathrm{e}^{-j4t})$$

Als Fourierkoeffizienten erhalten wir dann:

$$\alpha_n = \frac{1}{4\pi} \int_0^{2\pi} (\mathrm{e}^{j4t} + \mathrm{e}^{-j4t})\mathrm{e}^{-jnt}\, dt = \frac{1}{4\pi} \int_0^{2\pi} (\mathrm{e}^{j(4-n)t} + \mathrm{e}^{-j(4+n)t})\, dt = 0$$

nach dem voraufgegangenen Satz, sofern wir $n \neq 4$ und $n \neq -4$ voraussetzen. Für $n = 4$ erhält man:

$$\alpha_4 = \frac{1}{4\pi} \int_0^{2\pi} (1 + \mathrm{e}^{-j8t})\, dt = \frac{1}{2}$$

und entsprechend für $n = -4$:

$$\alpha_{-4} = \frac{1}{4\pi} \int_0^{2\pi} (\mathrm{e}^{j8t} + 1)\, dt = \frac{1}{2}$$

Als Fourierreihe für $f(t)$ ergibt sich also der Ausdruck:

$$\frac{1}{2}\mathrm{e}^{-j4t} + \frac{1}{2}\mathrm{e}^{j4t} = \cos 4t = f(t)$$

Dies Ergebnis darf nicht allzusehr überraschen, denn ein Verfahren zur Frequenzanalyse eines gegebenen Signals sollte nur diejenigen Frequenzen 'entdecken', die wirklich in dem Signal enthalten sind.

Beispiel 9.0.5:

$$f(t) = \sum_{m=-M}^{N} \beta_m e^{jmt}, t\epsilon[0, 2\pi]$$

$$\alpha_n = \frac{1}{2\pi}\int_0^{2\pi} (\sum_{m=-M}^{N} \beta_m e^{jmt}) e^{-jnt}\, dt = \frac{1}{2\pi}\sum_{m=-M}^{N} \beta_m \int_0^{2\pi} e^{j(m-n)t}\, dt$$

Für $m \neq n$ sind die Integrale gleich Null. Hingegen erhält man für $n = m$ für das Integral den Wert 2π, insgesamt also $\alpha_n = \beta_n$ für $-M \leq n \leq N$ und $\alpha_n = 0$ sonst. Die Fourierreihe lautet damit:

$$\sum_{m=-M}^{N} \beta_m e^{jmt} = f(t)$$

d.h. bei jeder endlichen Überlagerung von Grund- u. Oberschwingungen kann man die Fourierkoeffizienten direkt 'ablesen' (s.Beispiel 9.0.4). Die Betonung liegt hier auf 'endlich'. Die Beispiele 9.0.3 u. 9.0.6 zeigen, daß die Verhältnisse im allgemeinen nicht so einfach sind.

Beispiel 9.0.6: Es sei $f(t) = \sin t$ für $t\epsilon[0, \pi]$ und $f(t) = 0$ für $t\epsilon(\pi, 2\pi]$. Ein derartiges Ausgangssignal entsteht, wenn man eine Sinusschwingung durch einen Einweggleichrichter schickt. Für die Fourierkoeffizienten erhält man:

$$\begin{aligned} \alpha_n &= \frac{1}{2\pi}\int_0^{2\pi} f(t) e^{-jnt}\, dt = \frac{1}{2\pi}\int_0^{\pi} \frac{e^{jt} - e^{-jt}}{2j} e^{-jnt}\, dt \\ &= \frac{1}{4\pi j}(\int_0^{\pi} e^{jt(1-n)}\, dt - \int_0^{\pi} e^{-jt(1+n)}\, dt) \end{aligned}$$

Die Berechnung der Integrale erfordert offenbar für $n = 1$ und $n = -1$ eine gesonderte Betrachtung:

$$\begin{aligned} \alpha_1 &= \frac{1}{4\pi j}\left(\int_0^{\pi} 1\, dt - \int_0^{\pi} e^{-jt2}\, dt\right) = \frac{1}{4\pi j}\left(\pi - [\frac{e^{-2jt}}{-2j}]_0^{\pi}\right) \\ &= \frac{1}{4\pi j}\left(\pi - (\frac{1}{-2j} - \frac{1}{-2j})\right) = -\frac{j}{4} \end{aligned}$$

Für $n = -1$ erhält man:

$$\alpha_{-1} = \overline{\alpha_1} = \frac{j}{4}$$

Sei nun $n \neq 1, -1$, dann erhält man:

$$\begin{aligned} \alpha_n &= \frac{1}{4\pi j}\left([\frac{e^{jt(1-n)}}{j(1-n)}]_0^{\pi} - [\frac{e^{jt(-1-n)}}{j(-1-n)}]_0^{\pi}\right) \\ &= \frac{1}{4\pi j}\left((\frac{e^{j\pi(1-n)}}{j(1-n)} - \frac{1}{j(1-n)}) - (\frac{e^{j\pi(-1-n)}}{j(-1-n)} - \frac{1}{-j-1})\right) \end{aligned}$$

Für n ungerade ist sowohl $1-n$ als auch $-1-n$ gerade. Damit folgt für n ungerade: $\alpha_n = 0$. Für n gerade sind die entsprechenden Exponentialausdrücke gleich -1 und somit:

$$\alpha_n = \frac{1}{4\pi j}\left(\frac{-2}{j(1-n)} - \frac{-2}{-j(n+1)}\right) = \frac{1}{4\pi j}\left(\frac{2j}{1-n} - \frac{2j}{n+1}\right) = \frac{1}{\pi(1-n^2)}$$

Als komplexe Darstellung der Fourierreihe erhält man dann

$$f(t) \sim -j\frac{1}{4}e^{jt} + j\frac{1}{4}e^{-jt} + \sum_{-\infty}^{\infty} \frac{1}{\pi}\frac{1}{1-(2n)^2}e^{j2nt}$$

Durch die Darstellung der Reihe ist bereits der Tatsache Rechnung getragen, daß nur die Koeffizienten mit geradem Index ungleich Null sind. Entsprechend lautet die reelle Darstellung:

$$f(t) \sim \frac{1}{2}\sin t + 2\sum_{n=1}^{\infty} \frac{1}{\pi}\frac{1}{1-(2n)^2}\cos 2nt$$

9.1 Eigenschaften und Rechenregeln

Bei verschieden Beispielen haben wir gesehen, daß sämtliche Koeffizienten reell oder auch sämtliche rein imaginär waren. Ein derartiges Phänomen läßt sich häufig auf Symmetrien im Funktionsverlauf zurückführen. Dies wollen wir im folgenden erläutern.

Definition 9.1.1 *Eine Funktion f heißt gerade, wenn $f(-t) = f(t)$ für alle t. Sie heißt ungerade, wenn $f(-t) = -f(t)$ für alle t.*

Offenbar ist $\cos t$ eine gerade und $\sin t$ eine ungerade Funktion. Wir werden sehen, daß die reelle Darstellung der Fourierreihe für eine gerade Funktion nur cos-Terme, die für eine ungerade Funktion nur sin-Terme beinhaltet.

Satz 9.1.1 *Für eine gerade Funktion $f(t)$ sind sämtliche Fourierkoeffizienten reell, für eine ungerade Funktion ist $\alpha_0 = 0$, sämtliche übrigen Fourierkoeffizienten sind rein imaginär.*

Beweis: Wegen der Periodizität des Integranden lassen sich die Grenzen der Integrale bei der Berechnung der Fourierkoeffizienten verschieben, solange die Länge des Integrationsintervalls unverändert bleibt:

$$\begin{aligned}\alpha_n &= \frac{1}{2\pi}\int_0^{2\pi} f(t)e^{-jnt}\,dt = \frac{1}{2\pi}\int_{-\pi}^{\pi} f(t)e^{-jnt}\,dt \\ &= \frac{1}{2\pi}\left(\int_{-\pi}^{0} f(t)e^{-jnt}\,dt + \int_0^{\pi} f(t)e^{-jnt}\,dt\right)\end{aligned}$$

Um nun die Symmetrieeigenschaften von f ausnutzen zu können, wollen wir das erste der beiden Integrale noch etwas anders schreiben, indem wir die Substitution $\tau = -t$ durchführen:

$$\int_{-\pi}^{0} f(t)\mathrm{e}^{-jnt}\,dt = -\int_{\pi}^{0} f(-\tau)\mathrm{e}^{jn\tau}d\tau = \int_{0}^{\pi} f(-\tau)\mathrm{e}^{jn\tau}d\tau$$

Insgesamt erhalten wir so, da der Name der Integrationsvariablen belanglos ist:

$$\alpha_n = \frac{1}{2\pi}\left(\int_0^{\pi} f(-t)\mathrm{e}^{jnt}dt + \int_0^{\pi} f(t)\mathrm{e}^{-jnt}\,dt\right)$$

1. f gerade:

$$\alpha_n = \frac{1}{2\pi}\int_0^{\pi} f(t)(\mathrm{e}^{jnt} + \mathrm{e}^{-jnt})\,dt = \frac{1}{\pi}\int_0^{\pi} f(t)\cos nt\,dt$$

   Insbesondere ist also α_n reell. Die zu f gehörige reelle Darstellung der Fourierreihe besteht nur aus cos-Termen.

2. f ungerade:

$$\alpha_n = \frac{1}{2\pi}\int_0^{\pi} f(t)(-\mathrm{e}^{jnt} + \mathrm{e}^{-jnt}\,dt) = \frac{-j}{\pi}\int_0^{\pi} f(t)\sin nt\,dt$$

   Insbesondere ist also $\alpha_0 = 0$ und α_n rein imaginär für $n \neq 0$. Die zu f gehörige reelle Darstellung der Fourierreihe besteht nur aus sin-Termen.

□

Beispiel 9.1.1: Sei $f(t) = t - \pi$ für $t\epsilon[0, 2\pi]$. Durch periodische Fortsetzung erhält man hieraus für das Intervall $[-2\pi, 0]$ die Darstellung $f(t) = t + \pi$. f ist eine ungerade Funktion, denn für t aus $[0, 2\pi]$ ist ja $-t$ aus $[-2\pi, 0]$ und damit:

$$f(-t) = -t + \pi = -(t - \pi) = -f(t)$$

in einem früheren Beispiel 9.1.3 hatten wir für die Funktion $g(t) = t$ für $t\epsilon[0, 2\pi]$ gesehen: $\alpha_n = \frac{j}{n}$ falls $n \neq 0$. Diese stimmen mit den entsprechenden Fourierkoeffizienten von $f(t)$ überein. Unterschiede bestehen lediglich im Gleichanteil (d.h. α_0).

Der folgende Satz liefert eine Aussage über den Zusammenhang zwischen den Fourierkoeffizienten einer Funktion f und denen ihrer Ableitung f'. Diesen Zusammenhang kann man häufig für eine leichtere Berechnung der Fourierkoeffizienten einer gegebenen Funktion benutzen.

Satz 9.1.2 (Differentiationssatz) *Sei $f(t)$ stetig auf $[0, 2\pi]$ und periodisch, d.h. $f(0) = f(2\pi)$, sei ferner $f(t)$ differenzierbar auf $(0, 2\pi)$ und die Ableitung $f'(t)$ dort stetig, dann gilt: $\alpha'_n = jn\alpha_n$, wobei α'_n der n-te Fourierkoeffizient von $f'(t)$ ist.*

Beweis: Wir denken uns $f'(t)$ an den Grenzen des Intervalls periodisch (aber nicht notwendig stetig) fortgesetzt. Für die Fourierkoeffizienten von $f'(t)$, die wir mit α'_n bezeichnen wollen, erhalten wir dann:

$$\alpha'_0 = \frac{1}{2\pi}\int_0^{2\pi} f'(t)\,dt = \frac{1}{2\pi}[f(t)]_0^{2\pi} = f(2\pi) - f(0) = 0$$

Für $n \neq 0$ erhält man mit Hilfe partieller Integration:

$$\alpha'_n = \frac{1}{2\pi}\int_0^{2\pi} f'(t)\mathrm{e}^{-jnt}\,dt = \frac{1}{2\pi}\left\{[f(t)\mathrm{e}^{-jnt}]_0^{2\pi} - \int_0^{2\pi} f(t)(-jn\mathrm{e}^{-jnt})\,dt\right\}$$

Die Auswertung der eckigen Klammer ergibt wegen der Periodizität von $f(t)$ offenbar Null und man erhält:

$$\alpha'_n = jn\frac{1}{2\pi}\int_0^{2\pi} f(t)\mathrm{e}^{-jnt}\,dt = jn\alpha_n$$

□

Bemerkungen:

1. Insbesondere gilt also für $n \neq 0$:

$$\alpha_n = \frac{1}{jn}\alpha'_n$$

2. Für $f(t) = \sum_{-\infty}^{\infty} \alpha_n \mathrm{e}^{jnt}$ gilt also unter den genannten Voraussetzungen

$$f'(t) = \sum_{-\infty}^{\infty} jn\alpha_n \mathrm{e}^{jnt}$$

d.h. es darf gliedweise differenziert werden. Weiteres Differenzieren nach diesem Schema ist allerdings nur noch erlaubt, wenn $f'(t)$ die Voraussetzungen des Satzes erfüllt.

3. Die Differenzierbarkeitsanforderungen an $f(t)$ lassen sich dahingehend abschwächen, daß $f(t)$ an endlich vielen Ausnahmestellen des Intervalls $(0, 2\pi)$ zwar immer noch stetig, aber nicht mehr differenzierbar ist, d.h.

endlich viele 'Knicke' sind zugelassen. Wir wollen dies am Beispiel einer einzigen Ausnahmestelle $t_0 \epsilon (0, 2\pi)$ verdeutlichen:

$$\alpha_n' = \frac{1}{2\pi}\int_0^{2\pi} f'(t)\mathrm{e}^{-jnt}\,dt = \frac{1}{2\pi}\int_0^{t_0} f'(t)\mathrm{e}^{-jnt}\,dt + \frac{1}{2\pi}\int_{t_0}^{2\pi} f'(t)\mathrm{e}^{-jnt}\,dt$$

In beiden Teilintervallen läßt sich nun partiell integrieren:

$$\begin{aligned}\alpha_n' &= \frac{1}{2\pi}\{[f(t)\mathrm{e}^{-jnt}]_0^{t_0} - \int_0^{t_0} f(t)(-jn\mathrm{e}^{-jnt})\,dt\} + \frac{1}{2\pi}\{[f(t)\mathrm{e}^{-jnt}]_{t_0}^{2\pi} \\ &- \int_{t_0}^{2\pi} f(t)(-jn\mathrm{e}^{-jnt})\,dt\}\end{aligned}$$

Da $f(t)$ aber stetig in t_0 ist, heben sich beim Auflösen der eckigen Klammern die inneren Ausdrücke auf, und man erhält:

$$\alpha_n' = -\int_0^{2\pi} f(t)(-jn\mathrm{e}^{-jnt})\,dt = jn\alpha_n$$

Beispiel 9.1.2: Sei $f(t) = t$ für $0 \leq t \leq \pi$ und $f(t) = 2\pi - t$ für $\pi \leq t \leq 2\pi$. Dann gilt $f'(t) = 1$ für $0 < t < \pi$ und $f'(t) = -1$ für $\pi < t < 2\pi$. Offenbar gilt $\alpha_0' = 0$, und für $n \neq 0$ erhalten wir:

$$\begin{aligned}\alpha_n' &= \frac{1}{2\pi}\int_0^{2\pi} f'(t)\mathrm{e}^{-jnt}\,dt = \frac{1}{2\pi}\{\int_0^{\pi} \mathrm{e}^{-jnt}\,dt - \int_\pi^{2\pi} \mathrm{e}^{-jnt}\,dt\} \\ &= \frac{1}{2\pi}\{[\frac{\mathrm{e}^{-jnt}}{-jn}]_0^\pi - [\frac{\mathrm{e}^{-jnt}}{-jn}]_\pi^{2\pi}\} \\ &= \frac{1}{2\pi}(\frac{\mathrm{e}^{-jn\pi} - 1}{-jn} - \frac{\mathrm{e}^{-jn2\pi} - \mathrm{e}^{-jn\pi}}{-jn}) \\ &= -\frac{1}{2\pi nj}((-1)^n - 1 - (1 - (-1)^n)) = -\frac{2}{2\pi jn}((-1)^n - 1)\end{aligned}$$

Für n gerade ist daher α_n' gleich Null, für n ungerade erhält man:

$$\alpha_n' = \frac{4}{2\pi jn} = -j\frac{2}{n\pi}$$

Wegen $\alpha_n = \frac{\alpha_n'}{jn}$ erhält man für $n \neq 0$:

$$\alpha_n = \frac{1}{\pi n^2}((-1)^n - 1)$$

Offenbar gilt $\alpha_0 = \frac{\pi}{2}$.

Optimalität der Fourierkoeffizienten

Wir haben nun einige Beispiele für Fourierreihen von Funktionen $f(t)$ kennengelernt. Es bleibt die Frage: was hat die Fourierreihe mit $f(t)$ zu tun, und ist die zunächst einmal willkürlich erscheinende Wahl der α_n 'vernünftig' ? Eine erste Antwort auf diese Frage gibt der folgende Satz. Er besagt insbesondere, daß die Wahl der Fourierkoeffizienten optimal im Sinne des mittleren quadratischen Fehlers ist.

Satz 9.1.3 *Sei* $s_N(t) = \sum_{n=-N}^{N} \alpha_n e^{jnt}$ *mit* $\alpha_n = \frac{1}{2\pi}\int_0^{2\pi} f(t)e^{-jnt}\,dt$, *ferner* $r_N(t) = \sum_{n=-N}^{N} \gamma_n e^{jnt}$ *mit* $\gamma_n \epsilon \mathbb{C}$ *beliebig, dann gilt:*

$$\frac{1}{2\pi}\int_0^{2\pi} |f(t) - s_N(t)|^2\,dt \leq \frac{1}{2\pi}\int_0^{2\pi} |f(t) - r_N(t)|^2\,dt$$

Darüber hinaus gilt die sogenannte "Besselsche Ungleichung":

$$\sum_{-\infty}^{\infty} |\alpha_n|^2 \leq \frac{1}{2\pi}\int_0^{2\pi} |f(t)|^2\,dt$$

Beweis: Da für eine komplexe Zahl z für deren Betragsquadrat $|z|^2 = z\bar{z}$ gilt erhält man:

$$\frac{1}{2\pi}\int_0^{2\pi} |f(t) - r_N(t)|^2\,dt = \frac{1}{2\pi}\int_0^{2\pi} (f(t) - r_N(t))(\overline{f(t)} - \overline{r_N(t)})\,dt$$

Durch Ausmultiplizieren erhält man daraus:

$$\frac{1}{2\pi}\int_0^{2\pi} |f(t) - r_N(t)|^2\,dt = \frac{1}{2\pi}\{\int_0^{2\pi} |f(t)|^2\,dt - \int_0^{2\pi} f(t)\overline{r_N(t)}\,dt$$
$$- \int_0^{2\pi} r_N(t)\overline{f(t)}\,dt + \int_0^{2\pi} r_N(t)\overline{r_N(t)}\,dt\}$$

Sehen wir uns den letzten Ausdruck noch einmal gesondert an. Man bekommt durch Einsetzen und Ausmultiplizieren der entsprechenden Summen (es wurden für die eine Summe der Summationsindex n und für die andere der Summationsindex m gewählt):

$$\int_0^{2\pi} r_N(t)\overline{r_N}(t)\,dt = \sum_{n=-N}^{N}\sum_{m=-N}^{N} \gamma_n\overline{\gamma_m}\int_0^{2\pi} e^{j(n-m)}\,dt$$

Das Integral ist nur für $n = m$ ungleich Null (s. Satz 9.0.1). Man erhält also:

$$\int_0^{2\pi} r_N(t)\overline{r_N}(t)\,dt = 2\pi\sum_{n=-N}^{N} \gamma_n\overline{\gamma_n}$$

Insgesamt erhalten wir damit:

$$\frac{1}{2\pi}\int_0^{2\pi}|f(t)-r_N(t)|^2\,dt = \frac{1}{2\pi}\int_0^{2\pi}|f(t)|^2\,dt - \sum_{n=-N}^{N}\overline{\gamma_n}\frac{1}{2\pi}\int_0^{2\pi} f(t)\mathrm{e}^{-jnt}\,dt$$
$$-\sum_{n=-N}^{N}\gamma_n\frac{1}{2\pi}\int_0^{2\pi}\mathrm{e}^{jnt}\overline{f(t)}\,dt + \sum_{n=-N}^{N}\gamma_n\overline{\gamma_n}$$

Eine Rückbesinnung auf die Definition der α_n ergibt:

$$\begin{aligned}
&\frac{1}{2\pi}\int_0^{2\pi}|f(t)-\sum_{n=-N}^{N}\gamma_n\mathrm{e}^{jnt}|^2\,dt\\
=\ &\frac{1}{2\pi}\int_0^{2\pi}|f(t)|^2\,dt - \sum_{n=-N}^{N}\overline{\gamma_n}\alpha_n - \sum_{n=-N}^{N}\gamma_n\overline{\alpha_n} + \sum_{n=-N}^{N}\gamma_n\overline{\gamma_n}\\
=\ &\frac{1}{2\pi}\int_0^{2\pi}|f(t)|^2\,dt - \sum_{n=-N}^{N}\overline{\alpha_n}\alpha_n + \sum_{n=-N}^{N}(\gamma_n-\alpha_n)(\overline{\gamma_n}-\overline{\alpha_n})\\
=\ &\frac{1}{2\pi}\int_0^{2\pi}|f(t)|^2\,dt - \sum_{n=-N}^{N}|\alpha_n|^2 + \sum_{n=-N}^{N}|\gamma_n-\alpha_n|^2
\end{aligned}$$

Die so erhaltene Beziehung läßt sich nun auf zweierlei Art verwenden:

1. Setzt man nämlich $\gamma_n = \alpha_n$, so erhält man:

$$\frac{1}{2\pi}\int_0^{2\pi}|f(t)-\sum_{n=-N}^{N}\alpha_n\mathrm{e}^{jnt}|^2\,dt = \frac{1}{2\pi}\int_0^{2\pi}|f(t)|^2\,dt - \sum_{n=-N}^{N}|\alpha_n|^2$$

   Insbesondere folgt, daß die rechte Seite der Gleichung größer oder gleich Null ist (Besselsche Ungleichung).

2. Läßt man andererseits den nichtnegativen Ausdruck $\sum|\gamma_n-\alpha_n|^2$ fort, so erhält man

$$\begin{aligned}
&\frac{1}{2\pi}\int_0^{2\pi}|f(t)-\sum_{n=-N}^{N}\gamma_n\mathrm{e}^{jnt}|^2\,dt \geq \frac{1}{2\pi}\int_0^{2\pi}|f(t)|^2\,dt - \sum_{n=-N}^{N}|\alpha_n|^2\\
=\ &\frac{1}{2\pi}\int_0^{2\pi}|f(t)-\sum_{n=-N}^{N}\alpha_n\mathrm{e}^{jnt}|^2\,dt
\end{aligned}$$

   nach dem unter 1. gezeigten.

□

Wir werden im nächsten Abschnitt noch einmal auf die in diesem Satz angesprochene Thematik zurückkommen.

9.2 Konvergenzsätze

Man kann nun zeigen, daß für Funktionen endlicher Energie (d.h. falls $\int_0^{2\pi} |f(t)|^2\, dt < \infty$) der mittlere quadratische Fehler sogar mit N gegen Unendlich gegen Null geht. Der Beweis ist allerdings nicht elementar. Die genaue Formulierung dieses Sachverhaltes lautet:

Satz 9.2.1 *Sei $f(t)$ quadratintegrabel, d.h. $\int_0^{2\pi} |f(t)|^2\, dt < \infty$, dann gilt für $s_N(t) = \sum_{n=-N}^{N} \alpha_n e^{jnt}$:*

$$\lim_{N\to\infty} \int_0^{2\pi} |f(t) - s_N(t)|^2\, dt = 0$$

Ferner gilt die sogenannte Parsevalsche Gleichung:

$$\sum_{-\infty}^{\infty} |\alpha_n|^2 = \frac{1}{2\pi} \int_0^{2\pi} |f(t)|^2\, dt$$

Bemerkung: Ist $f(t)$ eigentlich integrabel, so ist auch $|f(t)|^2$ eigentlich integrabel. Für uneigentlich integrable Funktionen $f(t)$ muß dies nicht gelten, wie das Beispiel $f(t) = \frac{1}{\sqrt{t}}$ zeigt.
Beispiel 9.2.1: In Beispiel 9.2.3 hatten wir die Fourierkoeffizienten der Funktion $f(t) = t$ für $t\epsilon[0, 2\pi]$ mit $\alpha_n = \frac{j}{n}, n \neq 0$ und $\alpha_0 = \pi$ bestimmt. Die Parsevalsche Gleichung liefert nun

$$\frac{1}{2\pi} \int_0^{2\pi} |f(t)|^2\, dt = \frac{1}{2\pi} [\frac{t^3}{3}]_0^{2\pi} = \frac{4}{3}\pi^2 = \pi^2 + \sum_{-\infty, n\neq 0}^{\infty} \frac{1}{n^2} = \pi^2 + 2\sum_{n=1}^{\infty} \frac{1}{n^2}$$

Damit erhält man übrigens

$$\pi^2 + 2\sum_{n=1}^{\infty} \frac{1}{n^2} = \frac{4\pi^2}{3}$$

also

$$\sum_{n=1}^{\infty} \frac{1}{n^2} = \frac{\pi^2}{6}$$

Zusätzliche Informationen über die Funktion $f(t)$ ermöglichen weitergehende Aussagen über die Art der Konvergenz der Fourierreihe:
besteht nämlich $f(t)$ nur aus endlich vielen monotonen Stücken, so kann man zeigen, daß die Fourrierreihe im wesentlichen punktweise gegen $f(t)$ konvergiert.

Satz 9.2.2 (Satz von Dirichlet) *Wenn die auf dem Intervall $[0, 2\pi]$ periodische und beschränkte Funktion $f(t)$ aus endlich vielen monotonen Stücken besteht, so gilt:*

1. $\lim_{N\to\infty} s_N(t) = f(t)$, *wenn f stetig in t ist*

2. $\lim_{N\to\infty} s_N(t) = \frac{1}{2}(f(t+0) + f(t-0))$, *wenn t Sprungstelle von f ist.*

Beispiel 9.2.2: Wir hatten oben gesehen (vergl. Beispiel 9.2.3, daß die Funktion $f(t) = t$ für $t \epsilon [0, 2\pi]$ die folgende Fourierreihe in reeller Darstellung besitzt:

$$f(t) \sim \pi - \sum_{n=1}^{\infty} \frac{2}{n} \sin nt$$

Die Sprungstellen von $f(t)$ liegen bei Null bzw. 2π, der Wert der Fourierreihe ist offenbar an diesen Stellen jeweils gleich π, nämlich gleich dem Mittelwert aus rechts-u. linksseitigem Limes.
Ist $f(t)$ stetig differenzierbar, so konvergiert die Fourierreihe sogar gleichmäßig, wie der folgende Satz zeigt.

Satz 9.2.3 *Sei $f(t)$ stetig auf $[0, 2\pi]$ und periodisch, d.h. $f(0) = f(2\pi)$, sei ferner $f(t)$ differenzierbar auf $(0, 2\pi)$ und die Ableitung $f'(t)$ dort stetig, dann konvergiert die Fourierreihe von $f(t)$ gleichmäßig gegen $f(t)$.*

Beweis: In Satz 9.1.2 hatten wir gesehen, daß unter den obigen Voraussetzungen $\alpha'_n = jn\alpha_n$ gilt. Insbesondere gilt also für $n \neq 0$:

$$\alpha_n = \frac{1}{jn} \alpha'_n$$

Wir wollen uns nun der Frage der gleichmäßigen Konvergenz zuwenden. Hierzu zeigen wir zunächst, daß die Reihe über die Beträge der Fourierkoeffizienten von $f(t)$ konvergiert:

$$\sum_{n=-N}^{N} |\alpha_n| = |\alpha_0| + \sum_{n=-N, n\neq 0}^{N} |\frac{1}{jn}| \cdot |\alpha'_n|$$

Der Ausdruck unter der Summe auf der rechten Seite läßt sich als Skalarprodukt zweier Vektoren mit $2N$ reellen Komponenten interpretieren. Bekanntlich gilt hier die Schwarzsche Ungleichung $| < x, y > | \leq |x||y|$. Setzt man $x_n = \frac{1}{n}$ und $y_n = |\alpha'_n|$ so erhält man:

$$\begin{aligned} \sum_{n=-N}^{N} |\alpha_n| &\leq |\alpha_0| + \left((\sum_{n=-N, n\neq 0}^{N} \frac{1}{n^2}) \cdot (\sum_{n=-N, n\neq 0}^{N} |\alpha'_n|^2) \right)^{\frac{1}{2}} \\ &\leq |\alpha_0| + C \frac{1}{2\pi} \int_0^{2\pi} |f'(t)|^2 \, dt \end{aligned}$$

Die letzte Ungleichung ergibt sich aus der Besselschen Ungleichung (vergl. Satz 9.1.3) für f' und aus der Tatsache, daß die Reihe $\sum \frac{1}{n^2}$ konvergiert.
Damit ist die monotone Folge (u_N) mit $u_N = \sum_{n=-N}^{N} |\alpha_n|$ beschränkt und daher konvergent.
Wegen $|e^{jnt}| = 1$ sieht man, daß $\sum_{-\infty}^{\infty} |\alpha_n|$ eine Majorante für die Fourierreihe $\sum_{-\infty}^{\infty} \alpha_n e^{jnt}$ ist. Damit konvergiert die Fourierreihe von $f(t)$ gleichmäßig und absolut. Der Grenzwert ist nach Satz 5.2.3 aus Band 1 eine stetige Funktion $g(t)$.
Es bleibt nachzuweisen, daß $g(t) = f(t)$ ist. Mit $s_N(t) = \sum_{n=-N}^{N} \alpha_n e^{jnt}$ erhält man:

$$
\begin{aligned}
&\int_0^{2\pi} |g(t) - f(t)|^2 \, dt \\
= &\int_0^{2\pi} |g(t) - s_N(t) + s_N(t) - f(t)|^2 \, dt \\
\leq &\int_0^{2\pi} (|g(t) - s_N(t)| + |s_N(t) - f(t)|)^2 \, dt \\
= &\int_0^{2\pi} |g(t) - s_N(t)|^2 \, dt + 2 \int_0^{2\pi} |g(t) - s_N(t)||s_N(t) - f(t)| \, dt \\
&+ \int_0^{2\pi} |s_N(t) - f(t)|^2 \, dt
\end{aligned}
$$

Für das mittlere der drei Integrale erhält man nach der Cauchy-Schwarzschen Ungleichung für Integrale:

$$
\begin{aligned}
&\int_0^{2\pi} |g(t) - s_N(t)| \cdot |s_N(t) - f(t)| \, dt \\
\leq &\sqrt{\int_0^{2\pi} |g(t) - s_N(t)|^2 \, dt} \cdot \sqrt{\int_0^{2\pi} |s_N(t) - f(t)|^2 \, dt}
\end{aligned}
$$

Ingesamt liefert dies:

$$
\begin{aligned}
\int_0^{2\pi} |g(t) - f(t)|^2 \, dt \leq &\int_0^{2\pi} |g(t) - s_N(t)|^2 + + \int_0^{2\pi} |s_N(t) - f(t)|^2 \, dt \\
&+2\sqrt{\int_0^{2\pi} |g(t) - s_N(t)|^2 \, dt} \cdot \sqrt{\int_0^{2\pi} |s_N(t) - f(t)|^2 \, dt} \\
= &\left(\sqrt{\int_0^{2\pi} |g(t) - s_N(t)|^2 \, dt} + \sqrt{\int_0^{2\pi} |s_N(t) - f(t)|^2 \, dt} \right)^2
\end{aligned}
$$

Da $s_N(t)$ im quadratischen Mittel gegen $f(t)$ und gleichmäßig gegen $g(t)$ konvergiert, werden die Integrale unter der Wurzel beliebig klein. Damit verschwindet aber das Integral über den Betrag der Differenz von $f(t)$ und $g(t)$. Da beide Funktionen stetig sind, müssen sie gleich sein. □

Bemerkungen:

1. Die Fourierreihe für $f'(t)$:

$$f'(t) \sim \sum_{-\infty}^{\infty} jn\alpha_n e^{jnt}$$

konvergiert im allgemeinen nur noch im quadratischen Mittel (vergl. Bemerkung 2 zum Differentiationssatz).

2. Die Differenzierbarkeitsanforderungen an $f(t)$ lassen sich dahingehend abschwächen, daß $f(t)$ an endlich vielen Ausnahmestellen des Intervalls $(0, 2\pi)$ zwar immer noch stetig, aber nicht mehr differenzierbar ist, d.h. endlich viele 'Knicke' sind zugelassen. (vergl.Bemerkung 3 zum Differentiationssatz).

Beispiel 9.2.3: Sei $f(t) = t$ für $0 \leq \pi$ u. $f(t) = 2\pi - t$ für $\pi \leq t \leq 2\pi$. Wir hatten oben gesehen (vergl. Beispiel 9.2.2)

$$\begin{aligned} \alpha_n &= \frac{1}{\pi n^2}((-1)^n - 1) \\ \alpha_0 &= \frac{\pi}{2} \end{aligned}$$

Die Folge der Teilsummen

$$s_N(t) = \frac{\pi}{2} + \sum_{n=-N, n\neq 0}^{N} \frac{1}{\pi n^2}((-1)^n - 1)e^{jnt}$$

konvergiert also gleichmäßig gegen $f(t)$.

Aufgaben

1. Berechnen Sie die Fourierkoeffizienten für

   (a)

$$f(t) = \begin{cases} 1 & 0 \leq t < \pi \\ -1 & \pi \leq t < 2\pi \end{cases}$$

   (b)

$$f(t) = 1 - \sin 2t, 0 \leq t \leq 2\pi$$

(c)

$$f(t) = 1 - \sin\frac{t}{2}, 0 \leq t \leq 2\pi$$

und geben Sie die zugehörigen Fourierreihen an.

2. Stellen Sie die Funktionen

(a)

$$f(t) = \begin{cases} t & 0 \leq t < \frac{\pi}{2} \\ \pi - t & \frac{\pi}{2} \leq t < \frac{3}{2}\pi \\ t - \pi & \frac{3}{2}\pi \leq t < 2\pi \end{cases}$$

(b)

$$f(t) = t^2 - 2\pi t, 0 \leq t \leq 2\pi$$

(c)

$$f(t) = \begin{cases} -(t - \frac{\pi}{2})^2 + \frac{\pi^2}{4} & 0 \leq t < \pi \\ (t - \frac{3}{2}\pi)^2 - \frac{\pi^2}{4} & \pi \leq t < 2\pi \end{cases}$$

graphisch dar und berechnen Sie die zugehörigen Fourierkoeffizienten. (Hinweis: Differentiationssatz)

Kapitel 10

Laplace-Transformation

Die Laplace Transformation ist, wie wir sehen werden, ein Hilfsmittel zur Lösung von linearen Differentialgleichungen mit konstanten Koeffizienten. Lineare zeitinvariante Systeme für kontinuierliche Signale lassen sich häufig durch solche Differentialgleichungen beschreiben. Daher ist die Laplace Transformation bei der Untersuchung derartiger Systeme ein zentrales Werkzeug.

Sei $f(t)$ eine für nichtnegative Argumente definierte Funktion. Wir betrachten die Beziehung

$$F(s) = \int_0^\infty \mathrm{e}^{-st} f(t)\, dt \tag{10.1}$$

für solche s, für die das Integral auf der rechten Seite existiert. Im allgemeinen Fall läßt man hier komplexe Zahlen s zu, für unsere Zwecke wird es aber in der Regel genügen, s als reell anzunehmen. Durch die obige Beziehung wird - Existenz des Integrals vorausgesetzt - einer Funktion $f(t)$ eine neue Funktion $F(s)$ zugeordnet. Man bezeichnet $F(s)$ als Laplace-Transformierte von $f(t)$, symbolisch:

$$F(s) = \mathcal{L}\{f(t)\} \tag{10.2}$$

Häufig verwendet man hier auch das Korrespondenzzeichen

$$F(s) \bullet\!-\!\circ\, f(t) \tag{10.3}$$

Damit die Laplace-Transformierte existiert, reicht es aus, folgendes zu fordern:

1. $f(t)$ ist über jedes Intervall $[a, b] \subset [0, \infty)$ integrierbar

2. es gibt nichtnegative Zahlen α, M und γ mit der Eigenschaft, daß $|\, \mathrm{e}^{-\gamma t} f(t) \,| \leq M$ für alle $t \geq \alpha \geq 0$.

Sind die Bedingungen (a) und (b) für eine gegebene Funktion $f(t)$ erfüllt, so sagt man: $f(t)$ ist von exponentieller Ordnung.

Wir weisen nun nach: ist $f(t)$ von exponentieller Ordnung, so existiert die zugehörige Laplace-Transformierte $F(s)$ für $s > \gamma$.
Sei nämlich $s > \gamma$ und $t \geq \alpha$, dann gilt nach dem Additionstheorem für die Exponentialfunktion:

$$| e^{-st} f(t) | = | e^{-\gamma t} f(t) | e^{-(s-\gamma)t} \leq M e^{-(s-\gamma)t}$$

Wegen $s - \gamma > 0$ geht der rechte Ausdruck für t gegen ∞ gegen Null. Damit erhalten wir für $s > \gamma$:

$$\begin{aligned}
\int_0^\infty | f(t) | e^{-st}\, dt &= \underbrace{\int_0^\alpha | f(t) | e^{-st}\, dt}_{=:c} + \int_\alpha^\infty | f(t) | e^{-st}\, dt \\
&\leq c + M \int_\alpha^\infty e^{-(s-\gamma)t}\, dt \\
&= c + M \left[\frac{e^{-(s-\gamma)t}}{-(s-\gamma)} \right]_\alpha^\infty \\
&= c + M \frac{e^{-(s-\gamma)\alpha}}{s-\gamma} < \infty
\end{aligned}$$

wobei man zur Begründung der ersten Ungleichung die Eigenschaften (a) und (b) zusammen mit den obigen Überlegungen heranzieht.
Bemerkung:
insbesondere sind

- alle beschränkten und stetigen Funktionen
- der Logarithmus
- alle Polynome
- Exponentialfunktionen der Bauart $e^{\lambda t}$

exponentiell beschränkt. Sehen wir uns dies einmal für den Logarithmus an: für beliebige positive Zahlen α und γ ist die Funktion $e^{-\gamma t} \ln t$ auf dem Intervall $[\alpha, \infty)$ beschränkt.
Ferner gilt:

$$\int_a^b \ln t\, dt = [t \ln t - t]_a^b = b \ln b - b - a \ln a + a$$

wobei man sich mit Hilfe der L'Hospitalschen Regel leicht davon überzeugt, daß $\lim_{t \to 0} t \ln t = 0$ gilt. Eigenschaft (a) ist damit erfüllt, Eigenschaft (b) wegen des langsamen Wachstums des Logarithmus ebenfalls für jedes $\alpha > 0$.

Beispiel 10.0.4: $f(t) = 1$, dann $\gamma = 0$ und

$$F(s) = \int_0^\infty \mathrm{e}^{-st}\,dt = \left[\frac{\mathrm{e}^{-st}}{-s}\right]_0^\infty = -\frac{1}{-s} = \frac{1}{s}$$

für $s > 0$.

Beispiel 10.0.5: $f(t) = t^n$, dann

$$\mathcal{L}\{t^n\} = \int_0^\infty \mathrm{e}^{-st} t^n\,dt = \left[\frac{\mathrm{e}^{-st}}{-s} t^n\right]_0^\infty - \int_0^\infty \frac{\mathrm{e}^{-st}}{-s} n t^{n-1}\,dt =$$

$$-\frac{1}{s}\lim_{t\to\infty} \mathrm{e}^{-st} t^n + \frac{n}{s}\mathcal{L}\{t^{n-1}\} = \frac{n!}{s^{n+1}}$$

Die letzte Gleichung ergibt sich mit Hilfe vollständiger Induktion, wenn man berücksichtigt, daß der auf der linken Seite auftretende Grenzwert für $s > 0$ gleich Null ist.

Beispiel 10.0.6: $f(t) = \mathrm{e}^{\lambda t}$, dann gilt für $\gamma > \mathrm{Re}(\lambda)$:

$$|f(t)\mathrm{e}^{-\gamma t}| = |\mathrm{e}^{-\lambda t}\mathrm{e}^{-\gamma t}| = |\mathrm{e}^{-(\gamma-\lambda)t}| = \mathrm{e}^{-(\gamma-\mathrm{Re}(\lambda))t}|\mathrm{e}^{j\mathrm{Im}(\lambda)t}| \le 1$$

d.h. für $s > \mathrm{Re}(\lambda)$ ist $F(s)$ definiert und es gilt:

$$F(s) = \int_0^\infty \mathrm{e}^{-st}\mathrm{e}^{\lambda t}\,dt = \int_0^\infty \mathrm{e}^{(\lambda-s)t}\,dt = \left[\frac{\mathrm{e}^{(\lambda-s)t}}{\lambda - s}\right]_0^\infty = -\frac{1}{\lambda - s} = \frac{1}{s-\lambda}$$

Beispiel 10.0.7: $f(t) = \sin t$, dann erhalten wir mit $\gamma = 0$ und $s > 0$

$$F(s) = \int_0^\infty \mathrm{e}^{-st}\sin t\,dt = \int_0^\infty \mathrm{e}^{-st}\frac{\mathrm{e}^{jt} - \mathrm{e}^{-jt}}{2j}\,dt = \frac{1}{2j}\int_0^\infty \left(\mathrm{e}^{(j-s)t} - \mathrm{e}^{-(j+s)t}\right)dt$$

$$= \frac{1}{2j}\left[\frac{\mathrm{e}^{(j-s)t}}{j-s} - \frac{\mathrm{e}^{-(j+s)t}}{-(j+s)}\right]_0^\infty = \frac{1}{2j}\left[\mathrm{e}^{-st}\left(\frac{\mathrm{e}^{jt}}{j-s} - \frac{\mathrm{e}^{-jt}}{-(j+s)}\right)\right]_0^\infty$$

$$= \frac{1}{2j}\left(-(\frac{1}{j-s} - \frac{1}{-(j+s)})\right) = -\frac{1}{2j}\frac{-j-s-j+s}{1+s^2} = \frac{1}{1+s^2}$$

10.0.1 Einige wichtige Eigenschaften

Offenbar ist die Laplace-Transformation eine lineare Transformation, d.h.

$$\mathcal{L}\{\lambda f(t) + \mu g(t)\} = \lambda\mathcal{L}\{f(t)\} + \mu\mathcal{L}\{g(t)\}$$

Die inverse Laplace-Transformation, symbolisch

$$f(t) = \mathcal{L}^{-1}\{F(s)\}$$

läßt sich ebenfalls als Integraltransformation schreiben. Häufig bestimmt man aber $f(t)$ aus $F(s)$ durch Nachschlagen in Tabellenwerken.
Es ist nun üblich, sich einen Fundus an Korrespondenzen durch Rechnen einiger wichtiger Beispiele (wir haben oben ja schon damit begonnen) zu verschaffen, weitere Korrespondenzen aber hieraus durch Verwendung gewisser Rechenregeln abzuleiten. Die Entwicklung derartiger Rechenregeln soll nun Hauptgegenstand dieses Abschnittes sein.

Satz 10.0.4 (Ähnlichkeitssatz)

$$f(at) \circ\!-\!\bullet \frac{1}{a}F(\frac{s}{a})$$

$$F(as) \bullet\!-\!\circ \frac{1}{a}f(\frac{t}{a})$$

Beweis:

$$\mathcal{L}\{f(at)\} = \int_0^\infty \mathrm{e}^{-st} f(at)\,dt$$

Wir substituieren $\tau = at$ und erhalten

$$\mathcal{L}\{f(at)\} = \int_0^\infty \mathrm{e}^{-s\frac{\tau}{a}} f(\tau)\,\frac{d\tau}{a} = \frac{1}{a}\int_0^\infty \mathrm{e}^{-\frac{s}{a}\tau} f(\tau)\,d\tau = \frac{1}{a}F(\frac{s}{a})$$

Andererseits gilt:

$$\mathcal{L}\{\frac{1}{a}f(\frac{t}{a})\} = \int_0^\infty \mathrm{e}^{-st}\frac{1}{a}f(\frac{t}{a})\,dt$$

Substituieren wir nun $\tau = t/a$, so erhalten wir

$$\mathcal{L}\{\frac{1}{a}f(\frac{t}{a})\} = \frac{1}{a}\int_0^\infty \mathrm{e}^{-s\tau a} f(\tau) a\,d\tau = \int_0^\infty \mathrm{e}^{-as\tau} f(\tau)\,d\tau = F(as)$$

□

Satz 10.0.5 (1. Verschiebungssatz)

$$f(t-a) \circ\!-\!\bullet\, e^{-as}F(s)$$

für $a > 0$.

Beweis: Substituieren wir in dem folgenden Integral $\tau = t - a$, so erhalten wir:

$$\int_0^\infty f(t-a)e^{-st}\,dt = \int_{-a}^\infty f(\tau)e^{-s(\tau+a)}d\tau = e^{-sa}\int_{-a}^\infty e^{-s\tau}f(\tau)d\tau$$

Im Rahmen der Laplace-Transformation stelle man sich die zu transformierenden Funktionen $f(t)$ für $t < 0$ als mit Null fortgesetzt vor. Damit erhält man:

$$\mathcal{L}\{f(t-a)\} = e^{-sa}\int_0^\infty e^{-s\tau}f(\tau)d\tau = e^{-as}F(s)$$

□

Ein hierzu nicht ganz symmetrisches Ergebnis erhält man, wenn die Verschiebung in der entgegengesetzten Richtung erfolgt.

Satz 10.0.6 (2. Verschiebungssatz)

$$f(t+a) \circ\!-\!\bullet\, e^{sa}(F(s) - \int_0^a e^{-st}f(t)dt)$$

für $a > 0$.

Beweis: Mit Hilfe der Substitution $\tau = t + a$ erhält man ähnlich wie oben:

$$\int_0^\infty f(t+a)e^{-st}dt = \int_a^\infty f(\tau)e^{-s(\tau-a)}dt =$$

$$e^{sa}\left(\int_0^\infty f(\tau)e^{-s\tau}dt - \int_0^a f(\tau)e^{-s\tau}d\tau\right) = e^{sa}\left(F(s) - \int_0^a f(\tau)e^{-s\tau}d\tau\right)$$

□

Eine Verschiebung des Argumentes der Bildfunktion führt zu dem

Satz 10.0.7 (Dämpfungssatz)

$$e^{-\alpha t}f(t) \circ\!-\!\bullet\, F(s+\alpha)$$

α kann beliebig gewählt werden, sofern $e^{-\alpha t}f(t)$ exponentiell beschränkt ist.

Beweis:
$$\int_0^\infty e^{-\alpha t} f(t) e^{-st} dt = \int_0^\infty e^{-(s+\alpha)t} f(t) dt = F(s+\alpha)$$
□

Wirkliche Dämpfung liegt natürlich nur für $\alpha > 0$ vor.

Wir wollen nun eine Beziehung zwischen der Laplace-Transformierten einer Funktion $f(t)$ und der Laplace-Transformierten ihrer Ableitung $f'(t)$ herleiten. Diese Beziehung wird sich später als zentral bei der Behandlung gewisser Typen von Differentialgleichungen mit Hilfe der Laplace-Transformation erweisen. Als Vorbereitung benötigen wir die folgende Aussage:

Satz 10.0.8 *Ist $f'(t)$ von exponentieller Ordnung, dann gilt dies auch für $f(t)$.*

Beweis: Es ist: $f(t) = \int_0^t f'(\tau) d\tau + f(0)$, damit $f(t)$ stetig und über jedes endliche Intervall integrierbar.
Wenden wir uns nun der Eigenschaft (b) zu. Es gilt:

$$g(t) := \int_\alpha^t |f'(\tau)| d\tau \geq |\int_\alpha^t f'(\tau) d\tau| = |f(t) - f(\alpha)| \geq |f(t)| - |f(\alpha)|$$

Ferner gilt nach dem Mittelwertsatz für die Funktion $g(t)e^{-\gamma t}$:

$$\frac{1}{t-\alpha}(g(t)e^{-\gamma t} - g(\alpha)e^{-\gamma\alpha}) = g'(\tau)e^{-\gamma\tau} - \gamma g(\tau)e^{-\gamma\tau}$$

für ein geeignetes $\tau \epsilon (\alpha, t)$ und damit wegen $g(\alpha) = 0$ und $g'(\tau) = |f'(\tau)|$:

$$\frac{1}{t-\alpha} g(t)e^{-\gamma t} = |f'(\tau)|e^{-\gamma\tau} - \gamma g(\tau)e^{-\gamma\tau}$$

d.h.
$$\frac{1}{t-\alpha} g(t)e^{-\gamma t} + \gamma g(\tau)e^{-\gamma\tau} = |f'(\tau)|e^{-\gamma\tau} \leq M$$

da $f'(t)$ exponentiell beschränkt ist. Da $g(\tau) \geq 0$ folgt:

$$0 \leq \frac{1}{t-\alpha} g(t)e^{-\gamma t} \leq M$$

d.h. $g(t)/(t-\alpha)$ erfüllt Bedingung (b) der exponentiellen Beschränktheit und damit auch
$g(t) = (t-\alpha)(g(t)/(t-\alpha))$. Andererseits haben wir oben gesehen:

$$|f(t)| \leq g(t) + |f(\alpha)|$$

und damit $f(t)$ exponentiell beschränkt. □

Die Umkehrung dieses Satzes gilt übrigens nicht: $\ln t$ ist von exponentieller Ordnung, $1/t$ aber nicht. Genauso ist $\sin(\mathrm{e}^{t^2})$ von exponentieller Ordnung, nicht jedoch

$$(\sin(\mathrm{e}^{t^2}))' = 2t\mathrm{e}^{t^2}\cos(\mathrm{e}^{t^2}).$$

Mit dieser Vorbereitung können wir uns nun an verschiedene Differentiationssätze machen.

Satz 10.0.9 *Sei $f'(t)$ von exponentieller Ordnung, dann gilt:*

$$f'(t) \circ\!-\!\bullet\; sF(s) - f(0)$$

Beweis: Mit $f'(t)$ ist nach dem vorangehenden Satz auch $f(t)$ von exponentieller Ordnung und besitzt daher eine Laplace-Transformierte $F(s)$. Durch partielle Integration erhält man:

$$\int_0^\infty f'(t)\mathrm{e}^{-st}dt = [f(t)\mathrm{e}^{-st}]_0^\infty - \int_0^\infty f(t)(-s)\mathrm{e}^{-st}dt$$

$$= \lim_{t\to\infty} f(t)\mathrm{e}^{-st} - f(0) + s\int_0^\infty f(t)\mathrm{e}^{-st}dt = sF(s) - f(0)$$

□

Entsprechende Beziehungen für höhere Ableitungen erhält man auf folgende Weise:

$$\int_0^\infty f''(t)\mathrm{e}^{-st}dt = s\mathcal{L}\{f'(t)\} - f'(0)$$

$$= s(sF(s) - f(0)) - f'(0) = s^2F(s) - sf(0) - f'(0)$$

Ganz ähnlich erhält man für $g(t) = \int_0^t f(\tau)d\tau$:

$$F(s) = \int_0^\infty f(t)\mathrm{e}^{-st}dt = s\mathcal{L}\{g(t)\} - g(0) = s\mathcal{L}\{g(t)\}$$

und somit $\mathcal{L}\{g(t)\} = F(s)/s$. Wir haben damit folgenden Satz bewiesen:

Satz 10.0.10 (Integrationssatz für die Originalfunktion) *Sei $f(t)$ von exponentieller Ordnung, dann gilt:*

$$\int_0^t f(\tau)d\tau \circ\!-\!\bullet\; \frac{F(s)}{s}$$

Beispiel 10.0.8:

$$\mathcal{L}\{\cos at\} = \mathcal{L}\{\frac{1}{a}(\sin at)'\} = \frac{1}{a}\mathcal{L}\{(\sin at)'\} = \frac{1}{a}(s\mathcal{L}\{\sin at\} - \sin a \cdot 0)$$

nun war

$$\mathcal{L}\{\sin t\} = \frac{1}{s^2+1}$$

also auf Grund des Ähnlichkeitssatzes:

$$\mathcal{L}\{\sin at\} = \frac{1}{a}\frac{1}{(\frac{s}{a})^2+1} = \frac{a}{s^2+a^2}$$

und somit

$$\mathcal{L}\{\cos at\} = \frac{s}{s^2+a^2}$$

Beispiel 10.0.9: Die Hyperbelfunktionen sind wie folgt definiert

$$\sinh t = \frac{\mathrm{e}^t - \mathrm{e}^{-t}}{2}$$

$$\cosh t = \frac{\mathrm{e}^t + \mathrm{e}^{-t}}{2}$$

mithin also $(\sinh t)' = \cosh t$. Man erhält:

$$\mathcal{L}\{\sinh t\} = \frac{1}{2}\mathcal{L}\{\mathrm{e}^t\} - \frac{1}{2}\mathcal{L}\{\mathrm{e}^{-t}\}$$

$$= \frac{1}{2}\frac{1}{s-1} - \frac{1}{2}\frac{1}{s+1} = \frac{1}{2}\frac{s+1-(s-1)}{s^2-1} = \frac{1}{s^2-1}$$

für $s > 1$ und nach dem Ähnlichkeitssatz erhält man für $s > a$:

$$\mathcal{L}\{\sinh at\} = \frac{1}{a}\left(\frac{1}{(\frac{s}{a})^2-1}\right) = \frac{a}{s^2-a^2}$$

Ähnlich wie oben liefert dies

$$\mathcal{L}\{\cosh at\} = \frac{s}{s^2-a^2}$$

Differenziert man nun anstelle der Originalfunktion deren Laplace- Transformierte so entsteht eine Korrespondenz ähnlicher Bauart.

Satz 10.0.11 (Differentiationsatz für die Bildfunktion)

$$-tf(t) \circ\!-\!\bullet\, F'(s)$$

Beweis: Mit $f(t)$ ist auch $tf(t)$ exponentiell beschränkt. Damit liefert die Differentiation des Integrals nach dem Parameter s:

$$F'(s) = \frac{d}{ds}\int_0^\infty e^{-st} f(t)dt = \int_0^\infty e^{-st}(-t)f(t)dt$$

□

Ein entsprechendes Ergebnis erhält man für höhere Ableitungen:

$$(-1)^n t^n f(t) \circ\!-\!\bullet\, F^{(n)}(s)$$

Beispiel 10.0.10: Wir hatten gesehen

$$e^{\lambda t} \circ\!-\!\bullet\, \frac{1}{s-\lambda}$$

Der obige Differentiationssatz liefert dann

$$-te^{\lambda t} \circ\!-\!\bullet\, (\frac{1}{s-\lambda})' = -\frac{1}{(s-\lambda)^2}$$

Hieraus entnehmen wir die bei der Behandlung von Differentialgleichungen wichtige Beziehung

$$te^{\lambda t} \circ\!-\!\bullet\, \frac{1}{(s-\lambda)^2}$$

Die bisher aufgefundenen Korrespondenzen zwischen Original- und Bildfunktion wollen wir nun in einer Tabelle zusammenfassen.

Originalfunktion	Bildfunktion
1	$\frac{1}{s}$
t^n	$\frac{n!}{s^{n+1}}$
$e^{\lambda t}$	$\frac{1}{s-\lambda}$
$te^{\lambda t}$	$\frac{1}{(s-\lambda)^2}$
$\sin at$	$\frac{a}{s^2+a^2}$
$\cos at$	$\frac{s}{s^2+a^2}$
$\sinh at$	$\frac{a}{s^2-a^2}$
$\cosh at$	$\frac{s}{s^2-a^2}$

Wir kommen nun zu einer Operation zwischen Funktionen und einer zugehörigen Korrespondenz, die in der Theorie bestimmter Typen von Differentialgleichungen von zentraler Bedeutung ist (s.u.).

Definition 10.0.1 *Die Faltung zwischen zwei Funktionen $f_1(t)$ und $f_2(t)$, die für negative Argumente gleich Null sind, ist wie folgt definiert:*

$$f_1(t) \star f_2(t) := \int_0^t f_1(\tau)f_2(t-\tau)d\tau$$

Mit Hilfe der einfachen Substitution $\sigma = t - \tau$ erkennt man sofort, daß die Faltung eine kommutative Operation ist, also

$$f_1(t) \star f_2(t) = f_2(t) \star f_1(t)$$

Daß die bei der Faltung entstehende neue Funktion wiederum exponentiell beschränkt ist, zeigt der folgende

Satz 10.0.12 *Seien $f_1(t)$ und $f_2(t)$ exponentiell beschränkt und sei eine der beiden Funktionen stetig, dann ist auch $f_1(t) \star f_2(t)$ exponentiell beschränkt und stetig.*

Beweis:
Sei nun z.B. f_2 stetig, also insbesondere auf jedem Intervall $[0, a]$ beschränkt, d.h. $\alpha_2 = 0$. Sei $\gamma = \max\{\gamma_1, \gamma_2\}$, $\alpha = \alpha_1$ und $M = M_2 \int_0^\alpha |f_1(\tau)| d\tau$ dann gilt für beliebiges $\beta > 0$ und $t \geq \alpha$:

$$\begin{aligned}
& |f_1(t) \star f_2(t) \mathrm{e}^{-(\gamma+\beta)t}| = |\mathrm{e}^{-(\gamma+\beta)t} \int_0^t f_1(\tau) f_2(t-\tau) d\tau| \\
= \; & |\mathrm{e}^{-\beta t} \int_0^t f_1(\tau) \mathrm{e}^{-\gamma\tau} f_2(t-\tau) \mathrm{e}^{-\gamma(t-\tau)} d\tau| \\
\leq \; & \int_0^\alpha |f_1(\tau)| |f_2(t-\tau)| \mathrm{e}^{-\gamma(t-\tau)} d\tau + |\mathrm{e}^{-\beta t} \int_\alpha^t f_1(\tau) \mathrm{e}^{-\gamma\tau} f_2(t-\tau) \mathrm{e}^{-\gamma(t-\tau)} d\tau| \\
\leq \; & M + \mathrm{e}^{-\beta t} \int_\alpha^t |f_1(\tau) \mathrm{e}^{-\gamma\tau}| |f_2(t-\tau) \mathrm{e}^{-\gamma(t-\tau)}| d\tau \leq M + \mathrm{e}^{-\beta t} \int_\alpha^t M_1 M_2 d\tau \\
= \; & M + (t-\alpha) \mathrm{e}^{-\beta t} M_1 M_2 \leq M_3
\end{aligned}$$

Damit ist Eigenschaft (b) für $f_1(t) * f_2(t)$ gezeigt. Wir weisen nun nach, daß $y(t) = \int_0^t f_1(\tau) f_2(t-\tau) d\tau$ stetig und damit über jedes endliche Intervall integrierbar ist. Es gilt:

$$\begin{aligned}
|y(t_1) - y(t_2)| &= |\int_0^{t_1} f_1(\tau) f_2(t_1-\tau) d\tau - \int_0^{t_2} f_1(\tau) f_2(t_2-\tau) d\tau| \\
&\leq |\int_{t_2}^{t_1} f_1(\tau) f_2(t_1-\tau) d\tau| \\
&+ \int_0^{t_2} |f_1(\tau)| |f_2(t_1-\tau) - f_2(t_2-\tau)| d\tau
\end{aligned}$$

Beide Summanden des letzten Ausdrucks werden, sofern $|t_1 - t_2|$ klein genug ist, beliebig klein, wenn wir noch die gleichmäßige Stetigkeit von $f_2(t)$ auf dem Intervall $[0, \max\{t_1, t_2\}]$ berücksichtigen.

□

Bemerkung: Mit etwas mehr technischem Aufwand läßt sich das obige Ergebnis auch auf den Fall übertragen, wo f_2 nur stückweise stetig ist.
Der folgende Satz sagt aus, daß zu der relativ komplizierten Faltungsoperation im Bereich der Originalfunktionen eine einfache Operation im Bereich der Bildfunktionen, nämlich die Multiplikation, korrespondiert. Einem Phänomen dieser Art waren wir ja schon bei den Differentiationssätzen begegnet.

Satz 10.0.13 (Faltungssatz) *Seien $f_1(t)$ und $f_2(t)$ exponentiell beschränkt und eine der beiden Funktionen stückweise stetig, dann gilt:*

$$f_1(t) * f_2(t) \;\bullet\!-\!\circ\; F_1(s) \cdot F_2(s)$$

Beweis: Da nach Satz 10.0.12 $f_1(t) * f_2(t)$ exponentiell beschränkt ist, existiert

$$\mathcal{L}\{f_1(t) * f_2(t)\} = \int_0^\infty e^{-st}\left(\int_0^t f_1(\tau) f_2(t-\tau)d\tau\right)dt$$

Da insbesondere $f_2(t)$ für negative Argumente gleich Null ist, läßt sich das Faltungsintegral in folgender Form schreiben:

$$f_1(t) * f_2(t) = \int_0^\infty f_1(\tau) f_2(t-\tau)d\tau$$

und damit

$$\mathcal{L}\{f_1(t) * f_2(t)\} = \int_0^\infty \int_0^\infty e^{-st} f_1(\tau) f_2(t-\tau)d\tau dt$$

Hierbei haben wir davon Gebrauch gemacht, daß der Faktor e^{-st} unabhängig von der Integrationsvariablen τ ist. Vertauschung der Integrationsreihenfolge ergibt:

$$\begin{aligned}\mathcal{L}\{f_1(t) * f_2(t)\} &= \int_0^\infty \int_0^\infty e^{-st} f_1(\tau) f_2(t-\tau)dt d\tau = \\ &\int_0^\infty \int_0^\infty e^{-s(t-\tau)} e^{-s\tau} f_1(\tau) f_2(t-\tau)dt d\tau = \int_0^\infty e^{-s\tau} f_1(\tau) \\ &\int_0^\infty e^{-s(t-\tau)} f_2(t-\tau)dt d\tau\end{aligned}$$

Mit Hilfe der Substitution $\sigma = t - \tau$ erhält man:

$$\int_0^\infty f_2(t-\tau)e^{-s(t-\tau)}dt = \int_\tau^\infty f_2(t-\tau)e^{-s(t-\tau)}dt = \int_0^\infty f_2(\sigma)e^{-s\sigma}d\sigma = F_2(s)$$

Insgesamt bedeutet dies:

$$\mathcal{L}\{f_1(t) * f_2(t)\} = \int_0^\infty f_1(\tau)e^{-s\tau} F_2(s)d\tau = F_2(s) \cdot F_1(s)$$

Zur Zulässigkeit der Vertauschung der Integrationsreihenfolge ist folgendes zu sagen:

1. das Integral $d\tau dt$ existiert, da $f_1(t) * f_2(t)$ exponentiell beschränkt ist, wie oben gesehen
2. das Integral $dt d\tau$ existiert, da alle dies Integral betreffenden Umformungen bis zum Ergebnis $F_1(s) \cdot F_2(s)$ umkehrbar sind.
3. das Bereichsintegral mit dem Integranden $e^{-st} f_1(\tau) f_2(t-\tau)$ wegen der 'Vernünftigkeit' des Integranden.

Nach Satz 7.2.2 sind daher alle Integrale gleich. □

10.1 Grenzwertsätze

Für manche Untersuchungen ist es von Nutzen, asymptotische Aussagen für die Beziehung zwischen Original - und Bildfunktion zur Verfügung zu haben. Der folgende Satz gibt eine notwendige Bedingung für die Laplace-Transformierte einer exponentiell beschränkten Funktion an.

Satz 10.1.1 (1. Grenzwertsatz) *Sei $f(t)$ exponentiell beschränkt, dann gilt:*

$$\lim_{s \to \infty} F(s) = 0$$

Beweis: Wegen

$$F(s) = \int_0^\infty f(t) e^{-st} dt = \int_0^\infty f(t) e^{-(s-\gamma)t} e^{-\gamma t} dt$$

gilt:

$$|F(s)| \leq \int_0^\infty |f(t)| e^{-st} dt = \int_0^\alpha e^{-st} |f(t)| dt + \int_\alpha^\infty e^{-st} |f(t)| dt$$

Sei nun $\beta := \int_0^\alpha e^{-st} |f(t)| dt$, dann gilt:

$$e^{-s\alpha} \int_0^\alpha |f(t)| dt \leq \beta \leq e^{-s \cdot 0} \int_0^\alpha |f(t)| dt$$

Nach dem Zwischenwertsatz gibt es dann ein $t_0 > 0$ (jedenfalls, wenn $\alpha > 0$ ist und $f(t)$ nicht identisch Null auf $[0, \alpha]$ ist) derart, daß

$$e^{-st_0} \int_0^\alpha |f(t)| dt = \beta$$

Insgesamt erhält man:

$$|F(s)| \leq e^{-st_0} \int_0^\alpha |f(t)| dt + \int_\alpha^\infty e^{-st} |f(t)| dt$$

$$= e^{-st_0} \int_0^\alpha |f(t)|dt + \int_\alpha^\infty |f(t)| e^{-(s-\gamma)t} e^{-\gamma t} dt$$

$$\leq e^{-st_0} \int_0^\alpha |f(t)|dt + M \int_0^\infty e^{-(s-\gamma)t} dt = e^{-st_0} \int_0^\alpha |f(t)|dt + \frac{M}{s-\gamma}$$

Der Limes des letzten Ausdrucks für s gegen Unendlich ist aber gleich Null. □

Satz 10.1.2 (2.Grenzwertsatz) *Sei f differenzierbar für $t > 0$, f' exponentiell beschränkt und sei* $\lim_{t\to 0} f(t) = f(0)$, *dann gilt:*

$$f(0) = \lim_{s\to\infty} sF(s)$$

Beweis: Da f' exponentiell beschränkt ist, gilt dies auch für f. Insbesondere existieren damit auch deren Laplace-Transformierte. Wie beim Beweis des Differentiationssatzes erhält man mit Hilfe partieller Integration:

$$\begin{aligned} \int_0^\infty f'(t) e^{-st} dt &= \left[f(t)e^{-st}\right]_0^\infty + s \int_0^\infty f(t) e^{-st} dt \\ &= \lim_{t\to\infty} f(t) e^{-st} - f(0) + sF(s) = -f(0) + sF(s) \end{aligned}$$

nach den Grenzwertüberlegungen, die wir zu Beginn dieses Kapitels über exponentiell beschränkte Funktionen angestellt hatten. Wenden wir nun den 1. Genzwertsatz auf f' an, so erhalten wir:

$$\lim_{s\to\infty} \int_0^\infty f'(t) e^{-st} dt = 0$$

und damit

$$f(0) = \lim_{s\to\infty} sF(s)$$

□

Bemerkung:Da f' exponentiell beschränkt ist, existiert nach Definition $g(t) := \int_0^t f'(\tau)d\tau$. g ist stetig in Null und unterscheidet sich von f nur um eine Konstante, d.h. die exponentielle Beschränktheit von f' erzwingt die Existenz von $\lim_{t\to 0} f(t) = f(0)$. Läßt man diese Forderung an f' fallen, so muß der Satz nicht mehr gelten, wie das folgende Beispiel zeigt: Man kann nachweisen, daß die Laplace-Transformierte der Funktion $f(t) = \frac{1}{\sqrt{t}} \cos \frac{1}{t}$ die Bildfunktion $F(s) = \sqrt{\frac{\pi}{s}} e^{-\sqrt{2s}} \cos \sqrt{2s}$ ist. $\lim_{s\to\infty} sF(s)$ existiert, $\lim_{t\to 0} y(t)$ aber nicht, allerdings ist $f'(t) = t^{-\frac{3}{2}}(\frac{1}{t} \sin \frac{1}{t} - \frac{1}{2} \cos \frac{1}{t})$ über kein Intervall $[0, a]$ integrierbar.

Satz 10.1.3 (3. Grenzwertsatz) *Sei f differenzierbar, darüberhinaus $f'(t)$ exponentiell beschränkt und absolut integrierbar, dann gilt:*

$$\lim_{t\to\infty} f(t) = \lim_{s\to 0} sF(s)$$

Beweis: Da f' exponentiell beschränkt ist, existiert $\lim_{t\to 0} f(t)$ (s.o.). Da f' absolut integrierbar ist, existiert ferner

$$\int_0^\infty f'(\tau)d\tau = \lim_{t\to\infty} f(t) - f(0)$$

und damit die linke Seite der zu beweisenden Beziehung.

Nach dem Differentiationssatz und dem Hauptsatz der Differential -u. Integralrechnung gilt dann:

1. $\int_0^\infty f'(t)e^{-st}dt = -f(0) + sF(s)$
2. $\int_0^\infty f'(t)dt = \lim_{t\to\infty} f(t) - f(0)$

Können wir nun zeigen, daß sich die rechte Seite von (a) von der rechten Seite von (b) für kleine s beliebig wenig unterscheidet, so haben wir offenbar den Beweis geführt. Da f' absolut integrierbar ist, existiert die zugehörige Laplace-Transformierte für jedes $s \geq 0$. Sei nun $\varepsilon > 0$ gegeben, dann gibt es eine Zahl $N > 0$, so daß für $a \geq N$

$$\left|\int_0^a f'(t)e^{-st}dt - \int_0^\infty f'(t)e^{-st}dt\right| < \varepsilon$$

gleichmäßig für alle $s \geq 0$, denn

$$\left|\int_a^\infty f'(t)e^{-st}dt\right| \leq \int_a^\infty |f'(t)|e^{-st}dt \leq \int_a^\infty |f'(t)|dt$$

für alle $s \geq 0$.
Damit erhält man mit Hilfe der Dreiecksungleichung:

$$\begin{aligned}
& \left|\int_0^\infty f'(t)e^{-st}dt - \int_0^\infty f'(t)dt\right| \\
\leq & \left|\int_0^\infty f'(t)e^{-st}dt - \int_0^a f'(t)e^{-st}dt\right| + \left|\int_0^a f'(t)e^{-st}dt - \int_0^a f'(t)dt\right| \\
+ & \left|\int_a^\infty f'(t)dt\right| \\
\leq & \ 2\int_a^\infty |f'(t)|dt + (1 - e^{-sa})\int_0^\infty |f'(t)|dt
\end{aligned}$$

Der erste Ausdruck auf der rechten Seite der letzten Ungleichung wird für genügend großes a beliebig klein, der zweite Ausdruck geht für festes a mit s gegen Null ebenfalls gegen Null. □

Bemerkung: Ohne die absolute Integrierbarkeit von f' über $[0, \infty)$ muß der Satz nicht gelten, wie das Beispiel $f(t) = \sin t$ mit $F(s) = \frac{1}{1+s^2}$ zeigt: $\lim_{t\to\infty} f(t)$ existiert nicht, dagegen ist $\lim_{s\to 0} sF(s) = 0$. Natürlich ist $f'(t) = \cos t$ nicht absolut integrierbar über $[0, \infty)$.

10.2 Laplace-Transformation und gewöhnliche Differentialgleichungen

In der Technik ist es üblich, linear inhomogene Differentialgleichungen mit konstanten Koeffizienten mit Hilfe der Laplace-Transformation zu behandeln. Um uns mit der Methode vertraut zu machen betrachten wir zunächst Differentialgleichungen dieses Typs 1. Ordnung.

10.2.1 Lineare Differentialgleichungen 1.Ordnung mit konstanten Koeffizienten

Sei also das Anfangswertproblem

$$y' + ay = f(t)$$

mit $y(0) = y_0$ gestellt. Wir wenden auf beide Seiten der Differentialgleichung die Laplace-Transformation an und erhalten auf Grund der Linearität dieser Transformation und des Differentiationssatzes für die linke Seite:

$$\mathcal{L}\{y' + ay\} = \mathcal{L}\{y'\} + a\mathcal{L}\{y\} = sY(s) - y(0) + aY(s) = (s+a)Y(s) - y(0)$$

und für die rechte Seite

$$\mathcal{L}\{f(t)\} = F(s)$$

Damit entsteht die algebraische Gleichung:

$$(s+a)Y(s) - y(0) = F(s)$$

Löst man diese nach $Y(s)$ auf, so erhält man eine Darstellung der Laplace-Transformierten der Lösung des obigen AWP:

$$Y(s) = \frac{1}{s+a}F(s) + \frac{y(0)}{s+a}$$

Man spricht hier von der Lösung des AWP im Bereich der Bildfunktionen. Mit Hilfe der Korrespondenz $\mathrm{e}^{-at} \circ\!-\!\bullet \frac{1}{s+a}$ und des Faltungssatzes erhält man dann durch Rücktransformation:

$$y(t) = f(t) * \mathrm{e}^{-at} + y(0)\mathrm{e}^{-at}$$

Schreibt man die Faltungsoperation als Integral, so erhält man:

$$y(t) = \left(\int_0^t f(\tau)\mathrm{e}^{-a(t-\tau)}d\tau\right) + y(0)\mathrm{e}^{-at} = \mathrm{e}^{-at}\int_0^t f(\tau)\mathrm{e}^{a\tau}d\tau + y(0)\mathrm{e}^{-at}$$

Für konkrete Beispiele wird man allerdings versuchen, die Berechnung des Faltungsintegrals zu vermeiden und anstelle dessen die Rücktransformation von $\frac{F(s)}{s+a}$ auf direktem Wege zu berechnen.

Beispiel 10.2.1:

$$y' + y = t,\, y(0) = 3$$

Offenbar erhält man

$$Y(s) = \frac{F(s)}{s+1} + \frac{3}{s+1}$$

wobei $F(s) = \mathcal{L}\{t\} = \frac{1}{s^2}$ also

$$Y(s) = \frac{1}{s^2(s+1)} + \frac{3}{s+1}$$

Für den ersten Ausdruck der rechten Seite führen wir eine Partialbruchzerlegung durch. Der Ansatz lautet folgendermaßen:

$$\frac{1}{s^2(s+1)} = \frac{As+B}{s^2} + \frac{C}{s+1}$$

Koeffizientenvergleich ergibt: $A = -1, B = 1, C = 1$ und somit

$$Y(s) = -\frac{1}{s} + \frac{1}{s^2} + \frac{4}{s+1}$$

d.h.

$$y(t) = -1 + t + 4\mathrm{e}^{-t}$$

10.2.2 Lineare Differentialgleichungen 2. Ordnung mit konstanten Koeffizienten

Im Prinzip lassen sich lineare Differentialgleichungen n-ter Ordnung mit konstanten Koeffizienten auf die gleiche Art und Weise behandeln. Wir beschränken uns in der weiteren Darstellung allerdings auf solche 2. Ordnung, wollen dafür jedoch die verschiedenen Fälle ausführlich diskutieren. Sei also die Differentialgleichung

$$y'' + py' + qy = f(t)$$

mit reellen Zahlen p und q gegeben. Transformation der linken Seite liefert:

$$\mathcal{L}\{y'' + py' + qy\} = Y(s)(s^2 + ps + q) - y(0)(s+p) - y'(0)$$

Der Faktor von $Y(s)$ ist das sog. charakteristische Polynom, dem wir schon bei der Behandlung der homogenen DGL mit konstanten Koeffizienten begegnet sind. Insgesamt erhalten wir mit $\mathcal{L}\{f(t)\} = F(s)$ folgende Lösung im Bereich der Bildfunktionen:

$$Y(s) = F(s)\frac{1}{s^2+ps+q} + y(0)\frac{s+p}{s^2+ps+q} + y'(0)\frac{1}{s^2+ps+q}$$

Seien nun λ_1 und λ_2 die Nullstellen des charakteristischen Polynoms, d.h.

$$s^2+ps+q = (s-\lambda_1)(s-\lambda_2) = s^2 - s(\lambda_1+\lambda_2) + \lambda_1\lambda_2$$

Für die weitere Rechnung müssen wir nun verschiedene Fälle unterscheiden

1. $\lambda_1 \neq \lambda_2$
   Der Ansatz für die Partialbruchzerlegung von $\frac{1}{s^2+ps+q}$ lautet:

$$\frac{1}{s^2+ps+q} = \frac{A}{s-\lambda_1} + \frac{B}{s-\lambda_2}$$

Man erhält $A = \frac{1}{\lambda_1-\lambda_2}$ sowie $B = \frac{1}{\lambda_2-\lambda_1}$ und damit

$$\frac{1}{s^2+ps+q} \bullet\!-\!\circ \frac{1}{\lambda_1-\lambda_2}(e^{\lambda_1 t} - e^{\lambda_2 t}) =: g(t)$$

Der entsprechende Ansatz für den Ausdruck $\frac{s+p}{s^2+ps+q}$ lautet:

$$\frac{s+p}{s^2+ps+q} = \frac{C}{s-\lambda_1} + \frac{D}{s-\lambda_2}$$

Auf Grund der Beziehung $\lambda_1 + \lambda_2 = -p$ erhält man

$$D = \frac{\lambda_1}{\lambda_1-\lambda_2}$$

und

$$C = \frac{\lambda_2}{\lambda_2-\lambda_1}$$

Damit ergibt sich die folgende Korrespondenz:

$$\frac{s+p}{s^2+ps+q} \bullet\!-\!\circ \frac{\lambda_1}{\lambda_1-\lambda_2}e^{\lambda_2 t} + \frac{\lambda_2}{\lambda_2-\lambda_1}e^{\lambda_1 t} =: h(t)$$

Bekanntlich gilt für die Nullstellen des charakteristischen Polynoms: $\lambda_{1,2} = -\frac{p}{2} \pm \sqrt{\Delta}$ mit $\Delta = \frac{p^2}{4} - q$. Ist $\Delta > 0$ sind die oben aufgeführten

Anteile der Lösung reell. Ist jedoch $\Delta < 0$, so erhält man mit $\omega = \sqrt{|\Delta|}$: $\lambda_1 = -\frac{p}{2} + j\omega$, $\lambda_2 = -\frac{p}{2} - j\omega$, sowie $\lambda_1 - \lambda_2 = 2j\omega$ und damit

$$g(t) = \frac{1}{\omega} \mathrm{e}^{-\frac{p}{2}t} \sin \omega t$$

Ferner gilt

$$h(t) = \frac{\mathrm{e}^{-\frac{p}{2}t}}{2j\omega} \{(-\frac{p}{2} + j\omega)\mathrm{e}^{-j\omega t} - (-\frac{p}{2} - j\omega)\mathrm{e}^{j\omega t}\}$$

Der Ausdruck in den geschweiften Klammern ist gleich $2j\mathrm{Im}\,((-\frac{p}{2} + j\omega)\mathrm{e}^{-j\omega t})$. Dies führt zu

$$h(t) = \frac{\mathrm{e}^{-\frac{p}{2}t}}{\omega} (\omega \cos \omega t + \frac{p}{2} \sin \omega t)$$

2. $\lambda_1 = \lambda_2$
   Im Fall einer doppelten Nullstelle ist wegen $\Delta = 0$

$$\lambda_1 = \lambda_2 = -\frac{p}{2}$$

Damit erhält man

$$\frac{1}{s^2 + ps + q} = \frac{1}{(s - \lambda_1)^2} \bullet\!\!-\!\!\circ\; t\mathrm{e}^{-\frac{p}{2}t} =: g(t)$$

Für $\frac{s+p}{s^2+ps+q}$ erhält man folgenden Ansatz:

$$\frac{s + p}{s^2 + ps + q} = \frac{A}{s - \lambda_1} + \frac{B}{(s - \lambda_1)^2}$$

Nach Koeffizientenvergleich ergibt dies

$$\frac{s + p}{s^2 + ps + q} = \frac{1}{s - \lambda_1} + \frac{\frac{p}{2}}{(s - \lambda_1)^2} \bullet\!\!-\!\!\circ\; \mathrm{e}^{-\frac{p}{2}t}(1 + \frac{p}{2}t) =: h(t)$$

Insgesamt erhält man für Fall 1 und Fall 2 folgende gemeinsame Darstellung der Lösung des AWP:

$$y(t) = f(t) * g(t) + y(0)h(t) + y'(0)g(t)$$

wobei wir natürlich wiederum vom Faltungssatz Gebrauch gemacht haben.
Bemerkung: Für verschwindende Anfangsbedingungen entsteht die besonders einfache Beziehung

$$y(t) = f(t) * g(t)$$

Für konkret gegebene Funktionen $f(t)$ wird man allerdings versuchen, das Faltungsintegral zu vermeiden und die Rücktransformation direkt, häufig mit Hilfe einer Partialbruchzerlegung, durchzuführen. Wir wollen dies anhand einiger Beispiele demonstrieren.

Beispiel 10.2.2:

$$y'' + k^2 y = \sin \omega t, k \neq \omega$$

Nach Transformation in den Bildbereich erhält man:

$$(s^2 + k^2)Y(s) - sy(0) - y'(0) = \frac{\omega}{s^2 + \omega^2}$$

Die Lösung im Bildbereich lautet daher

$$Y(s) = \frac{\omega}{(s^2 + \omega^2)(s^2 + k^2)} + y(0)\frac{s}{s^2 + k^2} + y'(0)\frac{1}{s^2 + k^2}$$

Der erste Ausdruck auf der rechten Seite verlangt eine Partialbruchzerlegung während für die anderen beiden unsere bisherigen Ergebnisse zur Rücktransformation ausreichen. Der entsprechende Ansatz lautet:

$$\frac{\omega}{(s^2 + \omega^2)(s^2 + k^2)} = \frac{As + B}{s^2 + \omega^2} + \frac{Cs + D}{s^2 + k^2}$$

Ein Koeffizientenvergleich liefert: $A = C = 0$, $B = \frac{\omega}{k^2 - \omega^2}$ sowie $D = -B$ und damit:

$$\frac{\omega}{(s^2 + \omega^2)(s^2 + k^2)} = \frac{\frac{\omega}{k^2 - \omega^2}}{s^2 + \omega^2} + \frac{\frac{\omega}{\omega^2 - k^2}}{s^2 + k^2}$$

Sämtliche Summanden sind nun in einer Form, deren Rücktransformation wir kennen:

$$y(t) = \frac{1}{k^2 - \omega^2}(\sin \omega t - \frac{\omega}{k} \sin kt) + y(0) \cos kt + y'(0)\frac{1}{k} \sin kt$$

Was geschieht, wenn für festes t der Parameter k gegen ω strebt, ist aus der obigen Lösung zumindest nicht auf den ersten Blick erkennbar, da dann Zähler und Nenner des ersten Summanden der rechten Seite gegen Null gehen. Mit Hilfe der L'Hospitalschen Regel ehalten wir durch Differentiation von Zähler und Nenner nach k:

$$\begin{aligned} \lim_{k\to\omega} \quad \frac{1}{k^2 - \omega^2}(\sin \omega t - \frac{\omega}{k} \sin kt) &= \lim_{k\to\omega} \frac{\frac{\omega}{k^2} \sin kt - \frac{\omega}{k} t \cos kt}{2k} \\ = \quad \frac{\frac{1}{\omega} \sin \omega t - t \cos \omega t}{2\omega} &= \frac{1}{2\omega^2} \sin \omega t - \frac{1}{2\omega} t \cos \omega t \end{aligned}$$

Dies Ergebnis kann man folgendermaßen interpretieren: im Grenzfall wird die Amplitude des cos für große t beliebig groß ('Resonanzkatastrophe').

Beispiel 10.2.3: Sehen wir uns nun die Differentialgleichung aus dem vorangegangenen Beispiel für den Fall $k = \omega$ an.

$$y'' + \omega^2 y = \sin \omega t$$

Die Lösung im Bildbereich lautet nun

$$Y(s) = \frac{\omega}{(s^2+\omega^2)^2} + y(0)\frac{s}{s^2+\omega^2} + y'(0)\frac{1}{s^2+\omega^2}$$

Für die Partialbruchzerlegung des ersten Terms der rechten Seite erhalten wir nun:

$$\begin{aligned} \frac{\omega}{(s^2+\omega^2)^2} &= \frac{\omega}{(s+j\omega)^2(s-j\omega)^2} \\ &= \frac{A}{s+j\omega} + \frac{B}{(s+j\omega)^2} + \frac{C}{s-j\omega} + \frac{D}{(s-j\omega)^2} \end{aligned}$$

Man erhält: $A = -\frac{1}{4j\omega^2}$, $C = -A$ und $B = D = -\frac{1}{4\omega}$, somit

$$\frac{\omega}{(s^2+\omega^2)^2} = -\frac{1}{4j\omega^2}(\frac{1}{s+j\omega} - \frac{1}{s-j\omega}) - \frac{1}{4\omega}(\frac{1}{(s-j\omega)^2} + \frac{1}{(s-j\omega)^2})$$

Damit erhält man folgende Korrespondenz:

$$\begin{aligned} \frac{\omega}{(s^2+\omega^2)^2} &\bullet\!-\!\circ -\frac{1}{4\omega}(te^{-j\omega t} + te^{j\omega t}) - \frac{1}{4j\omega^2}(\mathrm{e}^{-j\omega t} - \mathrm{e}^{j\omega t}) \\ &= -\frac{t}{2\omega}\cos\omega t + \frac{1}{2\omega^2}\sin\omega t \end{aligned}$$

Dies entspricht dem Ergebnis des Grenzübergangs für k gegen ω aus dem vorangegangenen Beispiel.

Beispiel 10.2.4:

$$y'' + y' - 2y = \mathrm{e}^{-2t}, y(0) = 1, y'(0) = 1$$

Für die Lösung im Bildbereich erhält man:

$$\begin{aligned} Y(s) &= \frac{1}{(s+2)(s^2+s-2)} + \frac{s+1}{s^2+s-2} + \frac{1}{s^2+s-2} \\ &= \frac{1}{(s+2)(s^2+s-2)} + \frac{s+2}{s^2+s-2} \end{aligned}$$

Als Nullstellen des charakteristischen Polynoms s^2+s-2 erhält man: $\lambda_1 = -2$ und $\lambda_2 = 1$. Damit können wir die Lösung im Bildbereich folgendermaßen schreiben:

$$Y(s) = \frac{1}{(s+2)^2(s-1)} + \frac{s+2}{(s+2)(s-1)} = \frac{1}{(s+2)^2(s-1)} + \frac{1}{s-1}$$

Als Ansatz für die Partialbruchzerlegung des ersten Terms erhält man:

$$\frac{1}{(s+2)^2(s-1)} = \frac{A}{s+2} + \frac{B}{(s+2)^2} + \frac{C}{s-1}$$

Dies liefert die für alle s gültige Gleichung

$$1 = A(s+2)(s-1) + B(s-1) + C(s+2)^2$$

Setzt man in diese Gleichung $s = 1$, $s = -2$ und schließlich $s = 0$ ein so erhält man in derselben Reihenfolge: $C = \frac{1}{9}$, $B = -\frac{1}{3}$ und $A = -\frac{1}{9}$, d.h.

$$Y(s) = -\frac{1}{9}\frac{1}{s+2} - \frac{1}{3}\frac{1}{(s+2)^2} + \frac{1}{9}\frac{1}{s-1} + \frac{1}{s-1}$$

Die Lösung des AWP lautet daher:

$$y(t) = -\frac{1}{9}\mathrm{e}^{-2t} - \frac{1}{3}t\mathrm{e}^{-2t} + \frac{10}{9}\mathrm{e}^{t}$$

Beispiel 10.2.5:

$$y'' + 2y' + 5y = \mathrm{e}^{-t}, y(0) = 1, y'(0) = 0$$

Die Nullstellen des charakteristischen Polynoms $s^2 + 2s + 5$ liegen bei $\lambda_1 = -1 + 2j$ und $\lambda_2 = -1 - 2j = \overline{\lambda_1}$. Laplace-Transformation beider Seiten ergibt:

$$Y(s)(s^2 + 2s + 5) - sy(0) - y'(0) - 2y(0) = \frac{1}{s+1}$$

also

$$Y(s) = \frac{1}{(s+1)(s-\lambda_1)(s-\lambda_2)} + \frac{s+2}{(s-\lambda_1)(s-\lambda_2)}$$

Mit Hilfe von Partialbruchzerlegung erhält man hieraus:

$$Y(s) = \frac{1}{4}\frac{1}{s+1} - \frac{1}{8}\left(\frac{1}{s-\lambda_1} + \frac{1}{s-\lambda_2}\right) + \frac{1}{4}\left((2+j)\frac{1}{s-\lambda_1} + (2-j)\frac{1}{s-\lambda_2}\right)$$

wobei die beiden Ausdrücke in der letzten Klammer zueinander konjugiert komplex sind. Als Lösung im Zeitbereich erhalten wir:

$$y(t) = \frac{1}{4}\mathrm{e}^{-t} - \frac{1}{8}(\mathrm{e}^{\lambda_1 t} + \mathrm{e}^{\lambda_2 t}) + \frac{1}{4}((2+j)\mathrm{e}^{\lambda_1 t} + \overline{(2+j)\mathrm{e}^{\lambda_1 t}})$$

Der Ausdruck in der ersten Klammer ist gleich $\mathrm{e}^{-t}2\cos 2t$, der in der zweiten Klammer gleich $\mathrm{e}^{-t}(\cos 2t + \frac{1}{2}\sin 2t)$. Isgesamt erhalten wir also:

$$y(t) = \mathrm{e}^{-t}(\frac{1}{4} + \frac{3}{4}\cos 2t + \frac{1}{2}\sin 2t)$$

Aufgaben

Lösen Sie die folgenden Anfangswertaufgaben mit Hilfe der Laplace-Transformation:

1. $y' + 3y = t$ mit $y(0) = 2$
2. $y'' - 3y' + 2y = \mathrm{e}^{-t}$ mit $y(0) = 1, y'(0) = 1$
3. $y'' + y' + \frac{5}{4}y = 1$ mit $y(0) = y'(0) = 0$

Anhang A

Nachbemerkung

Der vorliegende Text ist als Begleitmaterial zu Lehrveranstaltungen der Autoren an der Fachhochschule Hamburg entstanden. Stoffauswahl und -umfang richten sich daher nach den zeitlichen Möglichkeiten und inhaltlichen Anforderungen der betreffenden Studiengänge (Elektrotechnik und Technische Informatik). Die Numerierung der Kapitel schließt an den ersten Band an.

Als weitere Lektüre auf den besprochenen Gebieten seien hier als Beispiele genannt:

R. Ansorge, H.-J. Oberle:	Mathematik für Ingenieure 2 Akademie-Verlag, Berlin, 1994
G. Doetsch:	Anleitung zum praktischen Gebrauch der Laplace-Transformation und der Z-Transformation, Oldenbourg München, 1989
F.Erwe:	Differential- und Integralrechnung 1 und 2, BI, Mannheim, 1962
K. Meyberg, P. Vachenauer:	Höhere Mathematik 2, Springer, Berlin - Heidelberg - New York, 1991
L. Papula:	Mathematik für Ingenieure 2, Vieweg, Braunschweig, 1988
W. Preuß, A. Kossow:	Gewöhnliche Differentialgleichungen, Fachbuchverlag Leipzig, 1990
P. Stingl:	Mathematik für Fachhochschulen Hanser, München, 1992
M. Spiegel:	Höhere Mathematik, McGraw Hill Europe, London, 1991
M. Spiegel:	Die Laplace-Transformation, McGraw Hill Europe, London, 1977

Da dies die erste Auflage unseres Buches ist, steht zu erwarten, daß dieser Text trotz aller Sorgfalt noch etliche Fehler enthält. Wir bitten dafür unsere Leserinnen und Leser um Entschuldigung, sind aber zuversichtlich, daß es uns mit ihrer Hilfe bald gelingen wird, eine fehlerärmere Version vorzulegen.

Hamburg, im März 1995 Dieter Müller-Wichards, Christoph Maas

Anhang B

Lösungen der Aufgaben

B.6 Differentialrechnung reeller Funktionen zweier Variablen

Reelle Funktionen zweier Variablen

1) a) $D = \{(x,y) \mid |x| \geq |y|\}$, $W = \mathbb{R}_0^+$; b) $D = \{(x,y) | x \neq 0\}$, $W = (-\frac{\pi}{2}, \frac{\pi}{2})$

2) Beschränktheit ist weiterhin sinnvoll; Monotonie und Periodizität machen nur Sinn, wenn sie auf eine Richtung im Definitionsbereich hin bezogen sind; Nullstellen sind jetzt Schnittpunkte der Funktion mit der X-Y-Ebene.

3)a) Höhenlinien sind die Geraden $y = 2x - const$, $const \in \mathbb{R}$.

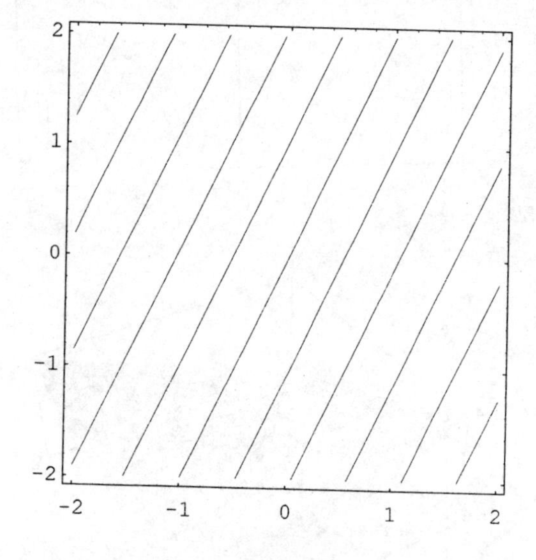

Funktionsgebirge:

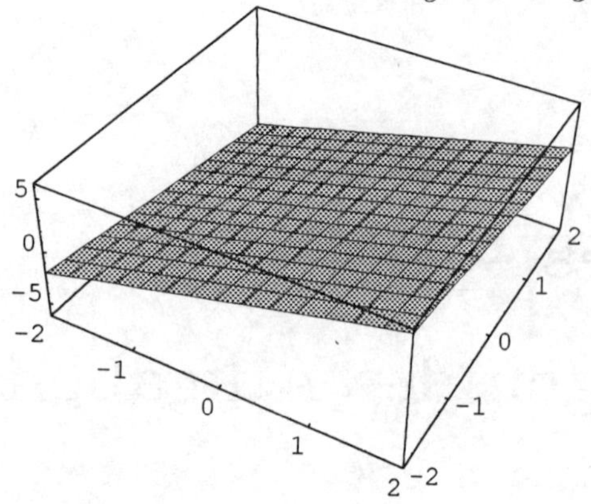

b)Höhenlinien sind die Hyperbeln $y = const \cdot \frac{1}{x}$, $const \in \mathbb{R} \setminus \{0\}$ sowie die Geraden $x \equiv 0$ und $y \equiv 0$.

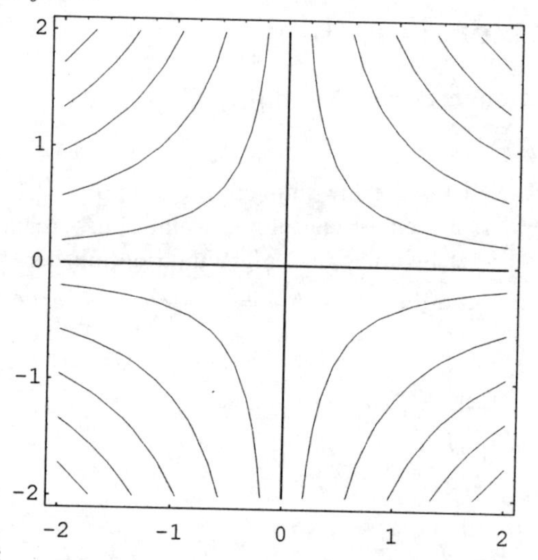

Funktionsgebirge:

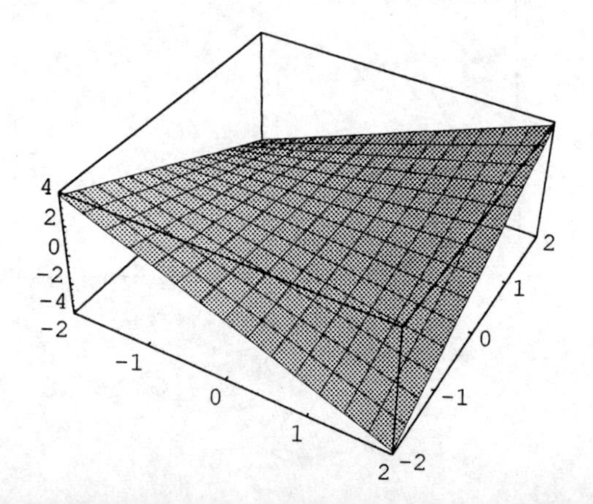

4) Wähle $\delta = \frac{\varepsilon}{2}$. Aus $x^2 + y^2 < \delta^2$ folgt $|x| < \delta$ und $|y| < \delta$, also $|x| + |y| < 2\delta$. Da für alle $\alpha \in \mathbb{R}$ gilt $|\sin\alpha| \leq |\alpha|$, erhalten wir

$$|\sin x + \sin y| \leq |\sin x| + |\sin y| \leq |x| + |y| < 2\delta = \varepsilon$$

5) a) $r = \sqrt{x^2 + y^2}$, $\cos\varphi = \frac{x}{r}$, $\sin\varphi = \frac{y}{r}$, $z = z$
b) $r = \sqrt{x^2 + y^2 + z^2}$, $\tan\varphi = \frac{y}{x}$, $\tan\psi = \frac{z}{\sqrt{x^2+y^2}}$.

Ableitungen von Funktionen zweier Veränderlicher

1)

a)	$f(x,y) = x^2 + 2y^2$
a.1)	$f_x(x,y) = 2x,\ f_y(x,y) = 4y$
a.2.α)	$\nabla f(1,1) \cdot \binom{1}{1} = 6$
a.2.β)	$\nabla f(1,1) \cdot \binom{-1}{0} = -2$
a.3)	$f(2.1, 0.1) \approx f(2,0) + \nabla f(2,0) \cdot \binom{0.1}{0.1} = 4.4$
a.4)	ja (globales Minimum)

b)	$f(x,y) = \sqrt{9 - x^2 - y^2}$
b.1)	$f_x(x,y) = \frac{-x}{\sqrt{9-x^2-y^2}},\ f_y(x,y) = \frac{-y}{\sqrt{9-x^2-y^2}}$
b.2.α)	$\nabla f(1,1) \cdot \binom{1}{1} = -\frac{2}{7}\sqrt{7}$
b.2.β)	$\nabla f(1,1) \cdot \binom{-1}{0} = \frac{1}{7}\sqrt{7}$
b.3)	$f(2.1, 0.1) \approx f(2,0) + \nabla f(2,0) \cdot \binom{0.1}{0.1} = \frac{24}{25}\sqrt{5}$
b.4)	ja (globales Maximum)

c)	$f(x,y) = 3\cos(\pi x) - \cos(\pi y)$
c.1)	$f_x(x,y) = -3\pi\sin(\pi x),\ f_y(x,y) = \pi\sin(\pi y)$
c.2.α)	$\nabla f(1,1) \cdot \binom{1}{1} = 0$
c.2.β)	$\nabla f(1,1) \cdot \binom{-1}{0} = 0$
c.3)	$f(2.1, 0.1) \approx f(2,0) + \nabla f(2,0) \cdot \binom{0.1}{0.1} = 4$
c.4)	nein ($f_{xx}f_{yy} - f_{xy}f_{yx} < 0$)

d)	$f(x,y) = -\frac{1}{2}x - 2y + 2$
d.1)	$f_x(x,y) = -\frac{1}{2},\ f_y(x,y) = -2$
d.2.α)	$\nabla f(1,1) \cdot \binom{1}{1} = -\frac{5}{2}$
d.2.β)	$\nabla f(1,1) \cdot \binom{-1}{0} = \frac{1}{2}$
d.3)	$f(2.1, 0.1) \approx f(2,0) + \nabla f(2,0) \cdot \binom{0.1}{0.1} = -\frac{5}{4}$
d.4)	nein (erste partielle Ableitungen ungleich Null)

2) a) 0, b) −2

3) $z(12.2,-2.8) \approx z(12,-3) + \nabla z(12,-3) \cdot \binom{0.2}{0.2} = -52.8$
(zum Vergleich: $z(12.2,-2.8) = -53.157$)

4) $z_x = \cos(2x)$, $z_y = \cos(2y)$, $z_{xx} = -2\sin(2x)$, $z_{yy} = -2\sin(2y)$, $z_{xy} = z_{yx} = 0$.
a) Ja (die ersten partiellen Ableitungen verschwinden; die Determinante der zweiten partiellen Ableitungen ist positiv), es handelt sich um ein Maximum.
b) Nein (die ersten partiellen Ableitungen verschwinden zwar; die Determinante der zweiten partiellen Ableitungen ist aber negativ).

B.7 Integration reeller Funktionen mehrerer Variablen

Rechnen mit Mehrfachintegralen

1)

$$\int_{-\pi}^{\pi}\int_{-\pi+|x|}^{\pi-|x|} 1 + \sin x \cdot \cos y \, dy\, dx = \int_{-\pi}^{\pi}\int_{-\pi+|y|}^{\pi-|y|} 1 + \sin x \cdot \cos y \, dx\, dy = 2\pi^2$$

2)

$$\int_0^{2\pi}\int_\alpha^\beta \frac{1}{r^2(\cos^2\varphi + \sin^2\varphi)} \cdot r\, dr\, d\varphi = 2\pi \cdot (\ln\beta - \ln\alpha) = \ln\left(\left(\frac{\beta}{\alpha}\right)^{2\pi}\right)$$

3)

a) $Q = \int_0^1\int_0^1 x + y \, dy\, dx = 1$

b) $Q = \int_0^{1/4}\int_0^1 x + y\, dy\, dx + \int_{1/4}^1\int_0^{1/(4x)} x + y\, dy\, dx = \frac{7}{16}$

4) $R = \frac{\pi h \rho^2}{3}$. Gegenüber dem Beispiel im Text ist die untere Integrationsgrenze für ψ jetzt $\psi_0 := \arctan\frac{h}{\rho}$. Zu beachten ist $\sin\psi_0 = \frac{h}{\sqrt{h^2+\rho^2}}$.

Integralsätze in der Ebene

1. 0

2. (a) 0

(b) $\frac{2}{3}\pi r^3$

3. $\frac{5}{6}r$

4. $\frac{\pi}{16}$

B.8 Gewöhnliche Differentialgleichungen

Das Richtungsfeld einer Differentialgleichung 1. Ordnung

1a) Eingezeichnet ist die Kurve der Funktion $y(x) = x^2$.

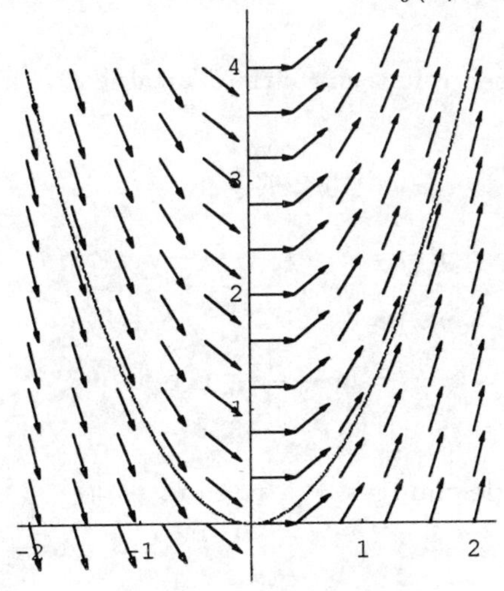

b) Eingezeichnet ist der Halbkreis $y(x) = \sqrt{2.25 - x^2}$.

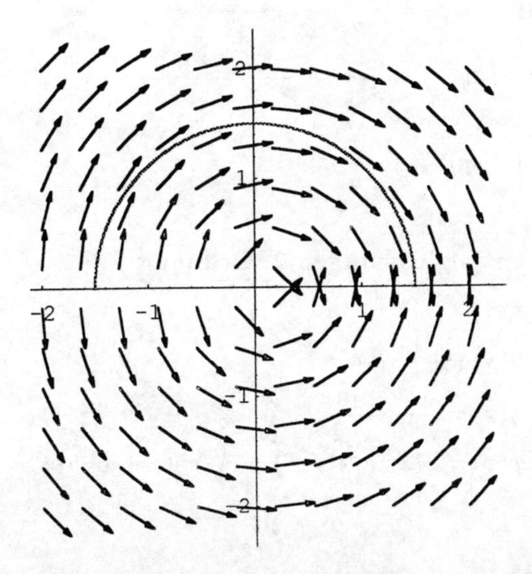

2a) Existenz- und Eindeutigkeitssatz sind anwendbar auf jede AWA mit Anfangsbedingung $y(x_0) = y_0$, falls $x_0 \neq 0$ ist. Tatsächlich gilt für die Anfangsbedingung $y(0) = y_0$: Für $y_0 = 0$ gibt es unendlich viele Lösungen $y(x) = k \cdot x$, $k \in \mathbb{R}$; für $y_0 \neq 0$ gibt es keine Lösung.

b) Der Existenzsatz ist anwendbar für alle $x_0 \in \mathbb{R}$ und $y_0 \in \mathbb{R}_0^+$. Der Eindeutigkeitssatz ist anwendbar für alle $x_0 \in \mathbb{R}$ und $y_0 \in \mathbb{R}^+$. Für $y_0 = 0$ tritt tatsächlich Mehrdeutigkeit auf. Die Anfangsbedingung $y(0) = 0$ beispielsweise wird sowohl von $y(x) = x^4/16$ als auch von $y \equiv 0$ erfüllt.

Differentialgleichungen mit trennbaren Variablen

$$
\begin{aligned}
&\text{a)} \quad y(x) = Kx^a, \ K \in \mathbb{R} \\
&\text{b)} \quad y(x) = \pm\sqrt{D + \frac{2}{\cos x}}, \ D \in \mathbb{R} \\
&\text{c)} \quad y(x) = K \cdot \mathrm{e}^{-x + x\ln x}, \ K \in \mathbb{R} \\
&\text{d)} \quad y(x) = \ln \frac{-1}{x^2 + C}, \ C \in \mathbb{R}
\end{aligned}
$$

Lineare Differentialgleichungen 1. Ordnung

$$
\begin{aligned}
&\text{1a)} \quad y(x) = 3 - 3 \cdot \mathrm{e}^{x^2/2} \\
&\text{b)} \quad y(x) = \frac{\cos x}{2} + \frac{1}{2\cos x} \\
&\text{c)} \quad y(x) = \frac{1}{\mathrm{e} \cdot x} + \frac{-\cosh x + x \cdot \sinh x}{x} \\
&\text{2)} \quad y(x) \equiv -\frac{1}{a}
\end{aligned}
$$

„Einfache“ Differentialgleichungen 2. Ordnung

$$
\begin{aligned}
&\text{a)} \quad y(x) = x^4 - 2x + 1 \\
&\text{b)} \quad y(x) = \frac{3x^4}{8} - \frac{\ln x}{2} + \frac{1}{8} \\
&\text{c)} \quad y(x) = D \cdot \sin(x + E) = A \cdot \sin x + B \cdot \cos x
\end{aligned}
$$

Ein einfaches numerisches Verfahren

Zum Vergleich: Die exakte Lösung lautet

$$y(x) = \frac{1}{x - x \ln x}$$

Es ergeben sich folgende Näherungswerte:

$x_i =$	1.00	1.25	1.50	1.75	2.00	2.25	2.50
Euler: $y_i =$	1.00	1.00	1.05	1.15	1.32	1.59	2.04
Collatz: $y_i =$	1.00	1.03	1.21	1.28	1.58	2.17	3.64
exakt: $y_i =$	1.00	1.03	1.21	1.30	1.63	2.35	4.78

Die Polygonzüge haben folgende Gestalt:

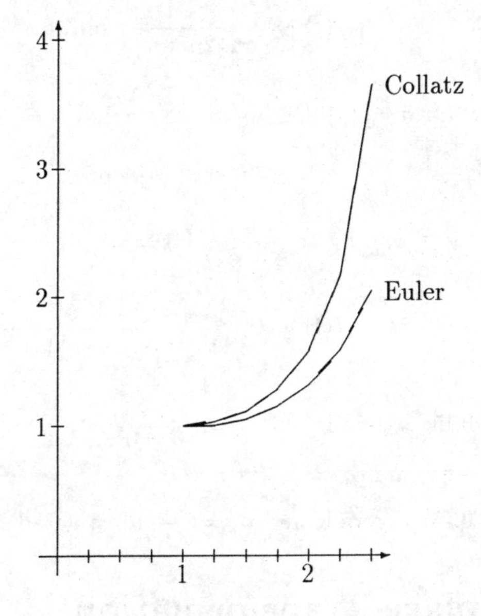

Homogene lineare Differentialgleichungen 2. Ordnung mit konstanten Koeffizienten

1)

a) $y(x) = C \cdot e^{x/2} + D \cdot e^{-x}$

b) $y(x) = (C + Dx) \cdot e^{\frac{4}{5}x}$

c) $y(x) = e^{x} \cdot (C \cdot \cos x + D \cdot \sin x)$

2) Eine partikuläre Lösung ist wiederum $y_1(x) = x$. Der Ansatz $y(x) = z(x) \cdot x$ liefert $\frac{x^3}{2} \cdot z''(x) = 0$ und damit $z''(x) \equiv 0$. Demnach ist $z(x) = C \cdot x + D$ und $y(x) = C \cdot x^2 + D \cdot x$.

Potenzreihenansatz zur Lösung einer Differentialgleichung

1) $y(x) = \sum_{i=0}^{\infty} x^i = \frac{1}{1-x}$, $\rho = 1$

B.9 Fourier-Reihen

1. (a) $\alpha_n = 0$ für n gerade, $\alpha_n = -\frac{2j}{\pi n}$ für n ungerade und es gilt

$$f(t) \sim \sum_{n=1}^{\infty} \frac{4}{(2n+1)\pi} \sin(2n+1)t$$

(b) $\alpha_n = 0$ für $n \neq 2, -2, 0$, $\alpha_0 = 1, \alpha_2 = \frac{j}{2}, \alpha_{-2} = -\frac{j}{2}$ und

$$f(t) = 1 - \sin 2t$$

(c) $\alpha_0 = 1 - \frac{2}{\pi}$ und $\alpha_n = \frac{1}{2\pi(n^2 - \frac{1}{4})}$ für $n \neq 0$

$$f(t) \sim 1 - \frac{2}{\pi} \sum_{n=1}^{\infty} \frac{1}{\pi(n^2 - \frac{1}{4})} \cos nt$$

2. (a) $\alpha_n = 0$ für n gerade, $\alpha_{2n+1} = \frac{(-1)^{n+1} 2j}{\pi(2n+1)^2}$

(b) $\alpha_0 = -\frac{2}{3}\pi$ und $\alpha_n = \frac{2}{n^2}$ für $n \neq 0$.

(c) $\alpha_n = 0$ für n gerade und $\alpha_n = \frac{4j}{\pi n^3}$ für n gerade.

B.10 Laplace-Transformation

1. $y(t) = \frac{1}{6}e^{-t} + \frac{1}{2}e^{t} + \frac{1}{3}e^{2t}$
2. $y(t) = \frac{19}{9}e^{-3t} + \frac{1}{3}t - \frac{1}{9}$
3. $y(t) = \frac{4}{5} + \frac{2}{5}e^{-t/2}(-2\cos t - \sin t)$

Inf & Ing Vorlesungen zum Informatik- und Ingenieursstudium

1

Christoph Maas
Graphentheorie und Operations Research für Studierende der Informatik
ISBN 3-928898-37-X 140 Seiten 24,80 DM

2

Thomas Klinker
Physik 1 – Mechanik und Wärmelehre
ISBN 3-928898-38-8 210 Seiten 27,80 DM

3

Hans-Jürgen Hotop
Numerische Methoden
ISBN 3-928898-39-6 212 Seiten 27,80 DM

4

Christoph Maas
Analysis 1
ISBN 3-928898-41-8 185 Seiten 27,80 DM

5

Bernd Owsnicki-Klewe
Algorithmen und Datenstrukturen
ISBN 3-928898-48-5 223 Seiten 28,80 DM

Inf & Ing
Vorlesungen zum Informatik- und Ingenieurstudium
Hans-Jürgen Hotop
Thomas Klinker
Christoph Maas
(Hrsg.)
Band 3

Hans-Jürgen Hotop
Numerische Methoden
1. Auflage 1993

6

Thomas Klinker
Physik 2 – Schwingungen, Wellen, Optik und Atomphysik
ISBN 3-928898-83-3 239 Seiten 32,80 DM

7

Christoph Maas/Dieter Müller-Wichards
Analysis 2
ISBN 3-928898-86-8 136 Seiten 26,80 DM

In Vorbereitung:

Algebra · Elektrizitätslehre · Regelungstechnik · Stochastik

Diese publizierte Vorlesungsreihe zeichnet sich durch die große Lehrerfahrung der Autoren an Fachhochschulen aus, sie entspringt dem Bemühen um ein modernes Curriculum und überzeugt nicht zuletzt durch ihren studentengerechten Preis.

Wißner Verlag und Versandbuchhandlung
Hugo-Eckener-Str. 1 D-86159 Augsburg
Telefon: 08 21 / 57 60 33 Telefax: 08 21 / 59 49 32